Moderner Wohnstil

Elizabeth Wilhide
& Joanna Copestick

Moderner Wohnstil

1000 Einrichtungsideen und
14 Projekte für die Gestaltung von Wänden, Böden,
Fenstern und Möbeln

Schritt-für-Schritt-Fotos
von Hannah Lewis

CHRISTIAN VERLAG

Aus dem Englischen übersetzt von Jutta Fanurakis
Redaktion: Angelika Franz
Korrektur: Dr. Anita Meschendörfer
Umschlaggestaltung: Horst Bätz

Herstellung: Dieter Lidl
Satz: Fotosatz Völkl, Puchheim

Die Originalausgabe mit dem Titel *Contemporary Decorating* wurde erstmals 1998 im Verlag
Conran Octopus Limited, London, veröffentlicht.

Styling für die Schritt-für-Schritt-Fotos: Sue Parker
Bildredaktion: Rachel Davies

Druck und Bindung: Toppan Printing Co., (H.K.) Ltd.
Printed in China

ISBN 3-88472-364-2

HINWEIS

Alle Informationen und Hinweise, die in diesem Buch enthalten sind, wurden vom Autor nach bestem Wissen erarbeitet und von ihm und dem Verlag mit größtmöglicher Sorgfalt überprüft. Unter Berücksichtigung des Produkthaftungsrechts müssen wir allerdings darauf hinweisen, dass inhaltliche Fehler oder Auslassungen nicht völlig auszuschließen sind. Für etwaige fehlerhafte Angaben können Autor, Verlag und Verlagsmitarbeiter keinerlei Verpflichtung und Haftung übernehmen.

Korrekturhinweise sind jederzeit willkommen und werden gerne berücksichtigt.

INHALT

NEO-MODERN
6

WÄNDE
19

FUSSBÖDEN
45

FENSTER & TÜREN
71

MÖBEL &
WOHNACCESSOIRES
97

STAURAUM &
STELLFLÄCHEN
119

Bezugsquellen
140

Register
142

NEO-MODERN

Atmosphäre, Stellwände, Raumteiler und Einbauten strukturieren den Raum. Moderne Innendekoration ist einfach, aber nicht kahl, sie lässt Platz für eigene Ideen und kreatives Flair innerhalb eines gut eingeteilten Rahmens, der auf die alltäglichen Bedürfnisse zugeschnitten ist.

Heute, gegen Ende des 20. Jahrhunderts, ist die Moderne erwachsen geworden. Die moderne Einstellung zur Raumausstattung und zum Design, die vor mehr als 100 Jahren mit der „ehrlichen Verwendung" von Materialien durch die *Arts-and-Crafts*-Bewegung und mit dem Bekenntnis zur funktional orientierten Ästhetik der

Oben In diesem sachlich anmutenden, aber behaglichen Schlafzimmer verschmelzen die Wand- und Deckenflächen durch ihre weichen, neutralen Farben zu einer optischen Einheit. Das überdimensionale Kopfbrett dient gleichzeitig als Wandschirm, hinter dem sich Kleidung und alltägliche Utensilien verbergen.

Rechts Licht und Raum sind die beiden wichtigsten modernen Gestaltungselemente. Hier dringt natürliches Licht vom Obergeschoss über eine Wendeltreppe in den unteren Raum und mischt sich mit dem Tageslicht, das durch die großen Fenster fällt und von den Trennwänden aus einseitig geätztem Glas reflektiert wird.

Es ist höchste Zeit, modern zu sein. Der moderne Wohnstil ist klar umrissen und schwungvoll, bequem und flexibel, er ist sparsam in allem – außer in seinem Elan. Durch die Konzentration auf die Grundelemente Licht, Farbe, Raum und Texturen gewinnt die Innendekoration eine neue Richtung.

Großflächig aufgetragene grelle Farben, Materialien mit klaren Linien wie verformtes Sperrholz, Glasbausteine und Zinkblech, kombiniert mit klassisch gestalteten, modernen Möbeln und Einrichtungsgegenständen, sind die Bestandteile bequemer Interieurs, die überschaubar und leicht zu pflegen sind. Benutzerfreundlich gestalteter Stauraum zähmt das Durcheinander von Utensilien, sorgfältig geplante Beleuchtung schafft

Massenproduktion in den ersten Dekaden unseres Jahrhunderts ihren Anfang genommen hatte, hat sich zu einem ausgereiften, fortschrittlichen Lebensstil entwickelt.

Während die Pioniere der klassischen Moderne ihr Anliegen mit missionarischem Eifer vorbrachten, ist die moderne Innendekoration heute sehr viel toleranter in Bezug auf zeitgenössische Einflüsse. Sie ist vielseitig, anpassungsfähig, legt Wert auf Bequemlichkeit und rückt den Menschen mit seinen Bedürfnissen und Aktivitäten wieder deutlich in den Mittelpunkt. Es geht nicht darum, einen Verzicht auf all die Ausstattungselemente durchzusetzen, die unsere Umgebung angenehm machen, wie Farbe, Muster, Strukturen und Details, sondern darum, unserem Zuhause ein neues Gesicht zu verleihen und es mit dem Leben, das wir heute führen, in Einklang zu bringen. Moderne Innendekoration ist auch nicht nur eine modische Erscheinung – sie geht über das Oberflächliche hinaus und will einen positiven Hintergrund für unser Leben schaffen.

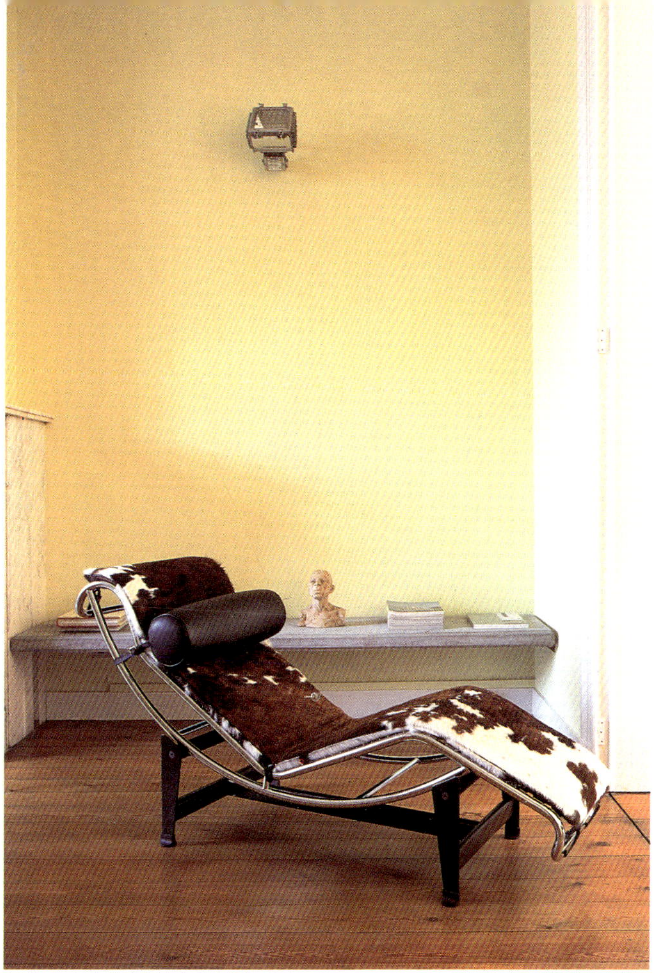

Links Die Chaiselongue von Le Corbusier, die zur klassischen Moderne des frühen 20. Jahrhunderts gehört, ist heute noch so modern wie vor 70 Jahren. Sie zeichnet sich durch ihre klare Linienführung, ihre Funktionalität und ihre Bequemlichkeit aus und genießt heute Kultstatus.

Es ist eine Eigenart dieses Jahrhunderts, dass Innovationen in einigen Lebensbereichen bereitwillig akzeptiert, aber in anderen von sich gewiesen werden. Durchgreifende technologische Neuerungen haben das Transportwesen, die Kommunikation und die Produktion revolutioniert und unser Leben im Laufe dieses Prozesses verändert. Dennoch hatten diese radikalen Veränderungen in den letzten 100 Jahren auf den häuslichen Bereich keinen Einfluss. Unser Haushalt mag mit den neuesten Versorgungseinrichtungen und technischen Raffinessen ausgestattet sein, aber Innendekoration und Einrichtung entsprechen noch immer den Konventionen früherer Generationen. Die moderne Innendekoration bietet neue und aufregende Möglichkeiten für die Gestaltung unseres Heims. Kräftige Farben, ausdrucksvolle Texturen und strenge Linien sind klare Zielvorgaben für einen funktionalen Wohnstil – die Innendekoration für ein neues Jahrtausend.

Der Schock des Neuen

Der moderne Wohnstil hat eine Vergangenheit. Einer der ersten Schocks, mit dem das Moderne aufwarten kann, ist die Tatsache, wie alt es in Wirklichkeit ist. Klassiker der Moderne wie Le Corbusiers Chaiselongue oder Marcel Breuers Cesca-Stuhl stammen aus dem Jahr 1928, und die hochlehnigen Hill-House-Stühle von Charles Rennie Mackintosh, die er 1901 entworfen hat, haben sogar ein noch ehrwürdigeres Alter. Selbst die skandinavische Moderne ist älter als 40 Jahre.

Designermöbel der Moderne sind heute bereits Sammlerstücke, und die Originale wechseln auf Auktionen zu beachtlichen Preisen ihre Besitzer. Auf nicht ganz so hohem Niveau existiert ein reger Handel aller Arten von „modernen" Möbeln und Objekten aus jüngster Vergangenheit – von Stoffen der 50er Jahre mit abstrakten Motiven aus der Welt der Wissenschaft bis zu den aufblasbaren Sesseln des Raumfahrtzeitalters der 60er Jahre.

All dies lässt darauf schließen, dass die Moderne im Begriff ist, zu einer historischen Stilart oder mindestens zu einem „Retro"-Stil zu mutieren. Doch das ist keineswegs der Fall. Designermöbel wie Arne Jacobsens *Egg chair* und Mies van der Rohes Barcelona-Stuhl besitzen noch immer den lebendigen Charakter des Neuen. Und in gewissem Sinn sind sie neu geblieben, weil bis jetzt das 20. Jahrhundert in der häuslichen Umgebung vieler Menschen niemals wirklich einen Ausdruck gefunden hat.

Es ist nicht schwer, die Gründe dafür zu erkennen. Die Moderne muss – wegen zahlreicher Faktoren, die vom Trivialen bis zum Elementaren reichen – als eine der am häufigsten fehlinterpretierten, am wenigsten verstandenen und am schlechtesten angewendeten Theorien in der Geschichte des Designs gelten. Einige Kritiker haben zum Beispiel die weit verbreitete Gleichsetzung der Moderne mit monochromen Interieurs auf Missverständnisse zurückgeführt, die dadurch zustande kamen, dass die Häuser der frühen Moderne nur durch das Medium der Schwarzweißfotografie bekannt geworden sind. Gewiss war es eine Überraschung für viele, wie farbenreich die Arbeiten von Architekten wie Le Corbusier sein konnten. Noch verdammenswerter war es, dass in Großbritannien die Moderne als Synonym galt für einige in Verruf geratene Formen des öffentlichen Wohnungsbaus, der zu Hochhäusern oder zu Stadtteilen führte, in denen durch schäbige Gebäude, billigstes Baumaterial und unsensible Planung neue urbane Wüstenlandschaften entstanden. Selbst im privaten Hausbau wurden moderne Konzepte häufig verwirklicht, ohne die gegebenen Zusammenhänge zu berücksichtigen. Im feuchten nordeuropäischen Klima wurden die Flachdächer undicht, der Beton fleckig, und das Grau der Fassaden mischte sich mit dem des trüben Himmels.

Schlagworte haben sich auch nicht als hilfreich erwiesen. Wenn „Weniger ist mehr" so umgesetzt wird, dass es in die Sackgasse des Minimalismus führt, oder das Haus vordergründig als „Wohnmaschine" verstanden wird, die nur eine sterile, roboterhafte Existenz verspricht, ist es nicht verwunderlich, dass viele Menschen es vorzogen, der Moderne ihre Tür zu verschließen.

Doch es gibt deutliche Anzeichen dafür, dass die Flucht vor der Moderne sich letztendlich in ihr Gegenteil verkehrt hat. Gerade in dem Augenblick, da wir uns anschicken, dem Jahrhundert Lebewohl zu sagen, beginnen wir endlich, uns mit einigen der radikaleren Entwicklungen auf dem Gebiet des Designs zu versöhnen. Während wir der Wiederbelebung vergangener Stilarten und der synthetischen Nostalgie von abgewandelten ländlichen Wohnstilen überdrüssig werden, wird das, was die Moderne zu bieten hat, mehr und mehr geschätzt – nahtlose Planung, flexible Anordnung, vielfältige Texturen, klare Formen und anregende Farben. All das, zusammen mit dem positiven, optimistischen Lebensgefühl des Hier und Jetzt, ist sinnvoll, ist modern.

Rechts Architekten setzen Glasbausteine schon seit langem gern ein; inzwischen ist ihre Anhängerschaft noch gewachsen. Sie werden in Wände eingelassen oder als Raumteiler verwendet: Glasbausteine filtern das Licht und dienen als dekorative Raumelemente.

Themen und Inspiration

Das Wort „Dekoration" gibt häufig Anlass zu der Annahme, dass es sich bei ihr um oberflächlichen Glanz, um das Herausputzen des Interieurs und um rein visuelle Effekte handelt. Doch in modernen Wohnräumen ist Dekor nicht nur eine Sache der Oberfläche. Bei moderner Innendekoration geht es nicht um Anstriche und Stoffmuster, es geht um die ganze Palette der Materialien, natürliche und synthetische, aus denen harmonische Kombinationen entstehen, die die Räume bereichern und ihnen Tiefe geben. So gesehen werden Materialien wegen ihrer natürlichen Qualitäten geschätzt: Holz wegen seiner Maserung und seiner Konturen, Metall wegen seines Glanzes und seiner Industrieästhetik, Glasbausteine wegen ihrer Lichtdurchlässigkeit.

Die Tatsache, dass wir Materialien wegen ihrer speziellen Eigenschaften schätzen, verdanken wir zum Teil der *Arts-and-Crafts*-Bewegung des ausgehenden 19. Jahrhunderts. Sie betonte als erste, wie wichtig die „Ehrlichkeit" bei der Verwendung von Material ist. In der Blüte des viktorianischen Stils war nichts das, was es zu sein vorgab: Steinerne Kaminummantelungen wurden bemalt, damit sie wie Marmor aussahen, weiche Hölzer wurden maseriert und gebeizt, um Harthölzer vorzutäuschen, und die Grundformen von Tischen und Stühlen wurden unter mehreren Stoffschichten, Rüschen und Posamenten verdeckt. Die *Arts-and-Crafts*-Bewegung bedeutete eine direkte Bedrohung dieser nach Status strebenden Effekthascherei. Die progressiven Interieurs ihrer Anhänger konzentrierten sich auf echte, fühlbare Materialien wie etwa solide Eiche, schlichte getünchte Wände und Keramik in leuchtenden Farben. Die Dekorations- und Bezugsstoffe waren relativ einfach, unprätentiös und vorzugsweise nach tradierter, heimischer Art handgearbeitet.

Die Mitglieder der *Arts-and-Crafts*-Bewegung waren keine Modernisten, doch ihre Ideen wirkten sich auch auf die im Entstehen begriffene Moderne aus. Zu Beginn des 20. Jahrhunderts bildeten sich in ganz Europa fortschrittliche Designer-Bewegungen, deren Höhepunkt die Gründung des Bauhauses, der bedeutendsten Design-Schule, war.

„Form follows function" – „Die Form folgt der Funktion" ist das allgemein bekannte Motto dieser frühen Modernisten, die bei der Gestaltung von Gebrauchsgegenständen, Möbeln, Gebäuden und

Oben Marmor, Beton, Leder und Holz ergeben ein harmonisches Nebeneinander in dieser geräumigen, lichterfüllten Eingangshalle und sorgen für eine einladende Atmosphäre. Bei einer derart vielfältigen Mischung aus Materialien ist Farbe nicht so wichtig.

Maschinen oberflächliche Ornamente und antiquierte Formen vermieden. Bezogen auf die Innendekoration verlagerte sich dadurch die Betonung von Status und Tradition im Wesentlichen auf eine Verherrlichung von Licht, Raum und Volumen.

Die Schüler und Lehrer des Bauhauses waren, zusammen mit Architekten und Designern wie Le Corbusier und Marcel Breuer, Anhänger des Maschinenzeitalters. Sie ließen sich von den Fortschritten in Technologie und Produktionstechniken sowie neuen Materialien inspirieren. Die Stromlinienform von Flugzeugflügeln gab ein neues Design-Vokabular vor; Materialien wie verformtes Sperrholz oder das Stahlrohr eines Fahrradrahmens wurden für die Herstellung von robusten, leichten Möbeln verwendet. Den Verbesserungen von Konstruktions- und Baumaterialien ist es zu verdanken, dass Wohnungen in eine Reihe von ineinander übergehenden, lichtdurchfluteten Räumen verwandelt werden konnten, die frei von traditionellen Zwängen waren. Wohnungen wurden zu „Wohnmaschinen", so wie Stühle nach der Logik der reinen Funktion „Sitzmaschinen" waren.

Viele Design-Klassiker der Moderne stammen aus dieser bemerkenswerten Epoche der Innovationen und des Radikalismus vor dem Zweiten Weltkrieg. Doch genauso wichtig ist die Tatsache, dass sich in dieser Epoche eine neue Auffassung von Innenraum entwickelte, die heute noch ebenso gültig ist wie vor 60 oder 70 Jahren. Die Häuser des 19. Jahrhunderts waren gekennzeichnet durch die Trennung von Herrschaft und Dienstboten, von Alt und Jung, Weiblich und Männlich, Öffentlich und Privat – eine hierarchische Struktur, die sich in der vorgegebenen Verwendung der Räume manifestierte. In den radikal neuen Entwürfen der 20er und 30er Jahre wurden Häuser gebaut, die bestimmten Aktivitäten oder Zwecken dienen sollten; der Raum war integriert, flexibel, und alles war mit allem verbunden.

Der Geist der Moderne begann und endete nicht mit den Verfechtern der Moderne der 20er

Oben Das Innere des Hauses von Frank Lloyd Wright ist von der umgebenden Landschaft nur durch Glasscheiben getrennt. Das geschickte Spiel mit natürlichen Materialien ist charakteristisch für seine Arbeiten.

Rechts In diesem blau, weiß und grau ausgestatteten Badezimmer wird der Funktionalismus in Form von strapazierfähigen Oberflächen und unverdeckten Rohrleitungen durch die vielen quadratischen Glasscheiben verstärkt, von denen die meisten ein Fenster nach draußen sind.

und 30er Jahre. In der Nachkriegszeit entstanden weitere wichtige Richtungen moderner Innendekoration. In den Arbeiten skandinavischer Designer wie Alvar Aalto und Arne Jacobsen verschmolz die Klarheit moderner Formen mit den expressiven Qualitäten von Materialien wie Holz und Textilien, um einen behaglichen, modernen Stil zu kreieren, der eine unkonventionelle Lebensart förderte. Diese spiegelte sich in der wachsenden Beliebtheit der „offenen Raumplanung", der Auflösung traditioneller Abgrenzungen im Wohnbereich, wider.

Nicht nur die Grenzen innerhalb des Heimes wurden eingerissen, auch die zwischen drinnen und draußen wurden praktisch unsichtbar. Glasscheiben – sogar ganze Wände aus Glas wie in dem 1949 erbauten Haus von Philip Johnson in Connecticut – dehnten den Lebensraum auf die Umgebung des Hauses aus.

In den 50er und 60er Jahren gab es, angeregt durch Wissenschaft, Raumfahrt und Pop-Art, neue aufregende Themen für Textilien und Einrichtungsgegenstände, und neue Materialien wie formbare Kunststoffe ermöglichten die Entstehung organischer Formen. In jüngster Vergangenheit hatte auch der Hightech-Stil, obwohl er sich als kurzlebig erwies, einen etwas länger anhaltenden Einfluss dadurch, dass er die Unterscheidung zwischen Heim und Arbeitsplatz verwischte. Gebrauchsgegenstände und Möbel aus dem gewerblichen Sektor, von Scheinwerfern zum Fotografieren bis zu Regalsystemen aus Lagerhäusern, haben ihren Weg in private Wohnräume gefunden. Der gesamte Wohnbereich konnte mit dem ausrangierten Mobiliar stillgelegter Fabriken, Werkstätten und Geschäftsräume ausgestattet werden. Der hohe, geräumige Loft mit seiner derben Industrieästhetik hat unseren Vorstellungen von Wohnraum eine neue Dimension gegeben.

Die heutige moderne Innendekoration mag zwar auf die puristischen Visionen der Verfechter der klassischen Moderne zurückgehen, aber die unbarmherzige Logik des Funktionalismus wurde schließlich gemildert durch eine Besinnung auf die geistigen und sinnlichen Qualitäten, die Räume zum Leben erwecken und sie zu einer erfreulichen, praktischen Umgebung machen. Die Formen bleiben klar definiert, aber sie können sowohl abgerundet als auch rechtwinklig sein. An die Stelle des Dogmas tritt eine neue willkommene Toleranz für den eklektischen Mix – nicht die totale stilistische Mischung, sondern das Zugeständnis, dass es wichtig ist, das Skurrile, das sehr Persönliche oder sogar ein antikes Stück zuzulassen. Moderne Innendekoration ist, wenn man so will, „neo-modern" – das ist nur scheinbar eine Tautologie, tatsächlich handelt es sich um eine Überarbeitung von modernen Design-Themen und eine Wiederentdeckung grundlegender Dogmen.

Oben **Undekoriert bedeutet nicht unbedingt kalt. In diesem eingeschränkten Wohnbereich fällt das Tageslicht durch undekorierte Fenster und Raumteiler aus fein gerippten Kunststoffplatten. Große Terrakottatöpfe mit Buchsbaum und Feigenbäumen lösen die strengen Konturen im Raum durch Textur und Farbe auf.**

Die strukturellen Voraussetzungen

Dekoration war für die Designer der frühen Moderne etwas Verächtliches. „Ornament ist ein Verbrechen", lautete die harsche Kritik von Adolf Loos. In diesem Zusammenhang könnte man „moderne Innendekoration" als einen Widerspruch in sich selbst betrachten: In modernen Interieurs, so wird argumentiert, ist das Design das Wichtigste, alles andere ist überflüssig und unnötig. Doch Dekoration muss nicht unbedingt sich endlos wiederholende, verspielte Details oder aufgesetzte Stilelemente beinhalten. Dekoration kann die Wirkung elementarer Qualitäten – Farbe, Textur und Materialbeschaffenheit – bedeuten, die uns veranlasst, Raum positiv wahrzunehmen und uns daran zu erfreuen. Nach heutiger Auffassung können Design und Dekoration partnerschaftlich zusammenwirken.

Eine solche Partnerschaft funktioniert problemlos, wenn es sich um Wohnräume in einem relativ neuen Gebäude handelt oder wenn die Räume flexibel oder neutral in Charakter und Grundriss sind. Zum Beispiel fallen viele Apartments in diese Kategorie. Doch moderne Innendekoration erfordert nicht unbedingt einen modernen Rahmen, um gute Resultate zu erzielen. Es ist durchaus möglich, ein modernes Dekorationskonzept in einem stilechten Haus aus einem anderen Jahrhundert zu verwirklichen; die Spannung zwischen einer alten Baustruktur und einem modernen Dekorationsstil kann sogar äußerst anregend sein. Die Tatsache, dass viele Lofts durch Umwandlungen von Gebäuden, die mehr als 100 Jahre alt sind, entstehen, ist nur ein Beispiel. Aber auch Wohnhäuser mit Vergangenheit können moderne Wohnungen beherbergen.

In manchen Fällen behandelten Architekten und Innenausstatter ein älteres Gebäude als reine Hülle. Sie brachen die Trennwände und Stockwerke ab und teilten das Raumvolumen völlig neu auf. Den Innenraum als Kapsel zu betrachten ist vielleicht der einzige Weg, ein durch und durch modernes Heim in Bezug auf Struktur und Dekoration in einem Gebäude aus einer vergangenen Stilepoche zu schaffen. Es gibt jedoch auch andere, weniger drastische Methoden, die die Vorstellungskraft und das Budget der meisten von uns nicht allzu sehr strapazieren.

Wenn eine moderne Innendekoration in einem älteren Gebäude wirkungsvoll sein soll, muss man beide Seiten der Gleichung mit derselben Intensität und demselben Respekt behandeln. Moderne Innendekoration bedeutet auf keinen Fall „modernisieren" – ein in den 60er Jahren allgemein verbreiteter falsch verstandener Versuch, in viktorianischen und edwardianischen Räumen alle Spuren architektonischer Details aus der Zeit zu verdecken oder zu entfernen, ohne sie durch etwas anderes zu ersetzen. Das Innere eines Hauses völlig neu zu gestalten ist eine Sache; Friese, Kamine und Profile zu entfernen und einen Raum kahl, aber nicht umgewandelt zu hinterlassen, eine andere. Umgekehrt muss auch nicht das gesamte Dekor dem viktorianischen Stil entsprechen, nur weil sich ein Kamin aus dieser Zeit im Raum befindet. Viele architektonische Details aus vergangenen Stilepochen vertragen eine Konfrontation mit leuchtenden Farben und ansprechend gestalteten, modernen Einrichtungsgegenständen.

Die moderne Innendekoration erfordert jedoch die Beachtung einiger elementarer Gestaltungsfragen: Es genügt nicht, ein traditionelles Sofa durch eine Chaiselongue von Le Corbusier zu ersetzen und an der Deckenrose eine moderne Lampe zu befestigen. Bevor man mit dem Dekorieren beginnt, sollte man einen Blick auf die ursprüngliche Konzeption des Raumes und die Struktur des Wohnraumes insgesamt werfen. Ältere Wohnungen bewahren den Lebensstil vergangener Generationen. Ein viktorianisches Reihenhaus hat zum Beispiel häufig ein separates Speisezimmer, ein Wohnzimmer im Hauptgeschoss und eine Küche im darunter liegenden Geschoss. Die Besucher des 19. Jahrhunderts sind wahrscheinlich nie weiter vorgedrungen als in das Gesellschaftszimmer, während die Dame des Hauses sich nur selten in die Küche verirrte. Die Teilung der Aktivitäten ist heute ebenso unerwünscht wie ineffektiv. Wir möchten in zunehmendem Maß im gleichen Raum oder in einer Abfolge von Wohnbereichen leben, essen, Gäste empfangen und kochen. Eine neue Raumverteilung des Hauses, bei der die Küche mehr in den Mittelpunkt rückt oder in einen großen Wohnraum mit offener Planung integriert wird, bringt die Gestaltung des Wohnbereichs unseren Bedürfnissen und Wünschen näher. Ebenso

Links Halbtransparente, blassblaue Schranktüren mildern das wenig einladende laborartige Aussehen der konventionellen weißen Küchenzeile etwas ab und beleben den Raum durch ihre Farbe.

Unten Fußbodenheizung ist funktionell, dekorativ und luxuriös. Die Wärme steigt nach oben in den Raum, und die Wände bleiben frei von Platz einnehmenden Heizkörpern.

selten kommt es vor, dass ein Haus aus einem vergangenen Jahrhundert eine geglückte optische Verbindung mit der Umgebung zu bieten hat. Wenn es gelingt, diese herzustellen, ist die Voraussetzung für mehr Tageslicht und ein Gefühl von Offenheit und Weite gegeben.

Größere strukturelle Veränderungen sind nicht das Anliegen dieses Buches, aber man sollte daran denken, dass man im Bereich der Innendekoration die besten Resultate erzielen kann, wenn der Rahmen stimmt. Auf einfachstem Niveau kann das bedeuten, dass man für genügend elektrische Anschlüsse sorgt, die ein ausreichendes Beleuchtungssystem garantieren, dass das Tageslicht maximiert wird und dass die diversen Bereiche des Hauses so geplant und ausgestattet werden, dass sie ihre Funktionen erfüllen.

Oben Flächen in kräftigem Senf und Ocker mildern die Wirkung der blanken Spüle aus rostfreiem Stahl und der glatten Tischplatte.

Oben rechts Durch den Spritzschutz in kühlem Hellblau und die blau getönte Glasplatte bekommt das Badezimmer eine ätherische Atmosphäre. Hinter der puristischen Fassade der Wandschränke verstecken sich Utensilien.

Ein modernes Dekorationskonzept entwickeln

Moderne Innenausstattung besteht nach weit verbreiteten Vorstellungen aus reinweißen Wänden, einem neutralen Fußbodenbelag und einem minimalen Arrangement aus Designermöbeln. Das ist nicht erstaunlich, denn viele moderne Architekten und Innenausstatter haben dieses Schema Jahr für Jahr reproduziert, sodass ein bestimmter, grauer, genormter Fußbodenbelag aus Schlingenware fast zum Synonym für diese Art von Innendekoration geworden ist.

Moderne Innendekoration ist jedoch durchaus nicht so zurückhaltend oder vorhersagbar. Neutrale Farben können beruhigend wirken, aber auch herausfordernd – doch das Leben ist mehr als nur monochrom. Die moderne Innendekoration hat inzwischen einige ihrer puritanisch anmutenden Anklänge der Ursprungszeit abgestreift und das aufregende Reich der Sinne erobert.

Farbe ist lebendig. Wände gleichen leeren Leinwänden, die dazu da sind, von intensiven Tönen bedeckt zu werden. Es gibt nichts Halbherziges im Bereich moderner Dekoration – keine Hinweise oder Andeutungen von Farbe in gedämpften Pastelltönen. Leuchtende, aktuelle Farbtöne aus allen Bereichen des Spektrums verbreiten Schwung und Flair. Die Grün-, Gelb- und Orangetöne von Zitrusfrüchten, leuchtendes Fuchsiarot und tiefe, samtige Blautöne liefern den stimulierenden Hintergrund für eine moderne Innenausstattung. Selbst Weiß hat sich gewandelt: Es ist nicht mehr die pure Zurückhaltung, sondern lässt, Weiß auf Weiß übereinander geschichtet, Räume mit weich einhüllendem Charakter und lichter Ausstrahlung entstehen.

Textur ist ein weiterer Schlüssel zum modernen Wohnstil. Nachdem der Begriff „modern“ einen Reifeprozess hinter sich hat, wurde die Bedeutung der Textur als Gestaltungselement, das für Tiefe

Links Die nackte Ziegelmauer in diesem umgebauten Großraum strahlt durch ihre Struktur Wärme aus – die Tische aus Treibholz und der Holzfußboden besitzen eine ähnliche Wirkung. Die übrigen Wände, die in neutralen Farben gehalten sind, und die Polstermöbel in gebrochenem Weiß vervollständigen das Konzept des natürlichen Looks.

und Opulenz sorgt, wieder entdeckt. Genietete Metallflächen, satiniertes, einseitig geätztes Glas, gestrichenes oder unbehandeltes Ziegelmauerwerk sowie seidiges, glattes Holz bieten eine Vielfalt taktiler Erfahrungen, die dem Lebensgefühl eine weitere Dimension verleihen. Das rein Visuelle ist nicht genug, verschiedene Materialien klingen verschieden und fühlen sich verschieden an, wenn wir sie berühren, auf ihnen laufen oder sitzen – das Risiko stumpfer Einförmigkeit ist gebannt.

In diesem Zusammenhang ist wieder von Komfort die Rede. Viele von uns verbinden moderne Interieurs mit einem Mangel an Komfort und Bequemlichkeit, mit unelastischen, harten Oberflächen und Stühlen, die eher „Statements" machen, als dass man auf ihnen bequem sitzen kann. Das trifft vielleicht auf die Arbeiten einiger moderner Designer zu, früherer und zeitgenössischer. Andere haben sich dagegen herausgefordert gefühlt, den menschlichen Körper in all seinen Positionen zu stützen – auch der große Meister der Moderne, Le Corbusier, entwarf einen berühmten Sessel und nannte ihn *le Grand Confort*. Doch Komfort und Bequemlichkeit muss man sehen, um sie zu spüren. Textur und weiche Materialien wie Textilien und Teppiche bieten einen wohnlichen Anblick, der die Bewohnbarkeit eines Raumes signalisiert. Abgerundete, fließende Formen nimmt das Auge als angenehm wahr. Behaglichkeit anderer Art empfindet man bei Kaminfeuer und Kerzenlicht oder beim Duft von Blüten – anregende Details, die die Stimmung heben und der Seele schmeicheln.

Moderne Innendekoration bedeutet auch, über Größenverhältnisse nachzudenken. Die moderne Lebensweise beinhaltet Bequemlichkeit und Einfachheit und vermeidet unwichtigen Plunder und aufgebauschte Details. Wird jedoch das reduziert, was ein Raum enthält, so ist ein „Anker" für das, was bleibt, erforderlich: Ein großes Sofa kann ein Möbelarrangement ersetzen, ein großes Gemälde kann als einziger Blickpunkt dienen, ein großformatiges Muster kann den Raumtextilien zu mehr Ausdruckskraft verhelfen. Im Gegensatz dazu können einzelne, im Raum verstreute Objekte bewirken, dass er eher wie eine moderne Galerie als wie ein Wohnraum aussieht.

Die Qualität des Raumes ist von fundamentaler Bedeutung. Das heißt nicht, dass man Wände versetzen muss; man kann die Dynamik des Raumes mit Hilfe von beweglichen Stell-

Rechts Der polierte Beton der Tischplatte und des Fußbodenbelages ist praktisch und hat eine große ästhetische Wirkung. Die Kombination mit farbigen Flächen auf weißen Wänden und am Fenster sorgt für ein Gefühl von Weite.

wänden oder frei stehenden Raumteilern beeinflussen. Durch neue Verglasungen erhält man mehr Licht und freie Sicht im Innern des Hauses. Mit klug genutztem Stauraum in der Diele lassen sich Wohnräume von Unnötigem befreien.

Moderne Räume sind hell und erfrischend, sie haben eine positive Ausstrahlung und strotzen vor Lebensfreude. In der Gegenwart zu leben hat noch nie so viel Spaß gemacht.

Oben Das weiche, einladende Sofa neben der mobilen Schubladenkommode wirkt behaglich und praktisch. Mit den Stufen, die zum Bücherregal auf der Galerie führen, ist dieser Raum ein Äquivalent der traditionellen Bibliothek.

WÄNDE

WÄNDE

Wände begrenzen bewohnten Raum: Sie trennen Aktivitäten, sorgen für individuelle Bereiche und markieren separate Sphären. Gleichzeitig sind sie leere „Leinwände“, Flächen für schöpferische Gestaltung. Beide Aspekte sind Gegenstand grundsätzlicher Überlegungen für den modernen Innenausstatter.

Wände stehen schon seit geraumer Zeit im Mittelpunkt des Interesses derjenigen, die ihr Können als Innenausstatter beweisen möchten. Die Stilarten der Vergangenheit wurden wie ein Schmuckkästchen geplündert, und eine Fülle virtuoser Techniken, von der Schwammtechnik bis zum Marmorieren, ist wieder belebt worden. Doch als die Wände schließlich mit gebrochenen Farbeffekten und Mustern übersät waren und jede verfügbare Fläche verziert war, hat man – zwar spät, aber immerhin – die Bedeutung der Wand als Hintergrund neu entdeckt. Wenn Wände derartig viel Aufmerksamkeit auf sich ziehen, können sie einen klaustrophobischen Effekt hervorrufen.

Für den durchschnittlichen Geschmack sind moderne Interieurs gleichbedeutend mit weißen Wänden. Es ist sicherlich richtig, dass man Räumen durch einheitlich weiß gestaltete Wände die Möglichkeit gibt, Weite zu vermitteln, und dass weiße Wände in den Hintergrund treten. Es ist noch keine 100 Jahre her, dass man eine derartige Wandgestaltung als aufreizend und provokant und als harten Kontrast zu den allgemein beliebten Tapeten mit üppigen Mustern und kräftigen Farben empfand. Doch was einst als radikaler Wandel und als Neuheit empfunden wurde, kann heute fade und phantasielos wirken. Die Farbe Weiß hat einen festen Platz im Repertoire des heutigen Innenausstatters, aber sie muss bewusst eingesetzt werden, als eigenständiges Dekorationselement und nicht als Verlegenheitslösung.

Zwischen diesen beiden Extremen – der erstickenden Fülle der überladenen Wand und der

Bedeutungslosigkeit einer leeren „Leinwand" – gibt es viele wirkungsvolle Möglichkeiten, Atmosphäre und Lebendigkeit zu schaffen, ohne die Wände allzu sehr in den Vordergrund zu rücken.

Geschlossene Farbflächen definieren Raum und setzen dynamische Akzente. Aus Materialien wie Sperrholz, Fliesen oder Metall lassen sich Wandverkleidungen herstellen, um zusätzliche Strukturen zu schaffen und mehr Tiefenwirkung zu erzielen. Rauputzwände können einen kontrastreichen Hintergrund für Möbel mit klarer Linienführung bilden, und bei offener Raumplanung lassen sich einzelne Bereiche durch lichtdurchlässige Glasbausteine oder elegant geschwungene Wandschirme aus Holz markieren.

Links Hochglanzfarbe, auf glatte Wände aufgetragen, hat einen angenehmen Schimmer, der mit dem der Aluminiumplatten der Treppenverkleidung korrespondiert. Die Metallplatten wurden mit Nieten auf einer Holzverschalung befestigt.

Unten Ein Teil der Küche wird durch einen barähnlichen Raumteiler, der mit Wellblech verkleidet ist, halb verdeckt. Auch der Spritzschutz ist aus Wellblech, aber hier verlaufen die Linien, genau wie bei den Jalousien, horizontal. Dies vergrößert den Küchenbereich optisch und verleiht ihm eine gewisse Eigenständigkeit.

ANSTRICH

Farbe ist ein wichtiges Element moderner Innenausstattung, und ein Anstrich gehört zu den einfachsten Mitteln, unser Heim mit dieser prägenden Gestaltungsmöglichkeit zu versehen. Im Gegensatz zu unseren Vorfahren, die Farbe gern und häufig verwendeten, gehen wir eher zögerlich mit ihr um. In vorindustrieller Zeit waren lebhafte Farben schwer zu beschaffen und aus diesem Grund auch teuer; diejenigen, die sich Farbe leisten konnten, machten jedoch überschwenglich von ihr Gebrauch. Paradoxerweise ist Farbe heute so preiswert, so leicht anzuwenden und so haltbar wie nie zuvor, und dennoch schrecken wir häufig vor ihr zurück. Diese Zurückhaltung wird durch die immense Auswahl an Anstrichfarben, die eher verwirrend als inspirierend wirkt, noch verstärkt. Da sich jedoch die Trends in der Mode und der Innenausstattung beständig einander annähern, ist die Farbwahl leichter geworden. Es gibt keinen Grund,

weshalb unser Zuhause nicht genauso elegant sein sollte wie unsere Kleidung. Und weil sich ein Anstrich leicht und ohne große Kosten ändern lässt, können wir uns an einer Umgebung erfreuen, die stets die Modefarben der Saison verkündet. Das Risiko dabei ist, dass wir der Wandfarbe vielleicht überdrüssig sind, noch bevor wir uns die Mühe machen möchten, einen Pinsel in die Hand zu nehmen und sie zu ändern.

Die Palette moderner Dekorationsfarben ist kräftig, lebhaft und kühn. Wenn man an kräftige Farben denkt, stellt man sich meist die Primärfarben im Malkasten vor. Diese soliden Farben des Spektrums waren nur kurz und in Verbindung mit dem Hightech-Stil en vogue. Doch heute bedeuten kräftige Farben schrillere und intensivere Töne. Leuchtende Sekundärfarben wie Orange, Violett, Limone und Fuchsiarot geben dem Interieur eine vibrierende Atmosphäre. Rot- und Blautöne, die mit mehr als nur einer Spur ihrer Komplementär-

Oben Einfarbige Farbkonzepte wirken spektakulär. Das weiche Blau der Wände, der Decke und des Fußbodens umhüllt den Raum und schafft eine stimmungsvolle, entspannende Atmosphäre.

Links Die Mode kann eine aufregende Inspirationsquelle für die Raumausstattung sein. Farbe ist das perfekte Mittel für ein schnelles „Raum-Make-up" – sie ist preiswert und einfach zu handhaben.

Ganz links Eine Wand in einem erdigen, rötlichen Ton prägt den Raum. Sie lenkt den Blick auf die schwarzen Sitzmöbel mit ihren geometrischen Formen und die lebhafte Kulisse im Hintergrund.

Oben **Runde Wände sind faszinierende architektonische Elemente für große Räumlichkeiten. Diese Trennwand in gebranntem Terrakotta schafft einen Raum innerhalb des Wohnraums und korrespondiert durch ihre erdig getönte Silhouette mit der umliegenden natürlichen Landschaft.**

farbe gemischt sind, besitzen Tiefe und Leuchtkraft. Sie sind entwaffnend artifiziell und erinnern eher an die brillanten Farbtöne von Plastik und Verpackungen als an den diskreten Charme von Cottagegärten. Dunkler und mysteriöser sind die zahllosen Blautöne – von nebligem Azurblau bis zu frischem Lavendel, Kobalt und Indigo.

Starke Farben erfordern Mut. Es kann auf die Dauer wirkungsvoller und weniger ermüdend sein, die Wände als separate Flächen zu behandeln und eine davon mit einer leuchtenden Farbe zu versehen, während der Rest rein weiß bleibt, als alle vier Wände im gleichen Farbton zu streichen. Andererseits können leuchtende Farben, die nicht unbedingt harmonieren – und besonders solche vom gleichen Spektrum, wie Scharlach-, Himbeer-, Lachs- und Korallenrot –, in der Kombination großartig wirken.

Bei matten Texturen spricht die Farbe für sich selbst. Farbtechniken mit auffälligem Antikeffekt passen nicht zum modernen Wohnstil, aber eine stark verdünnte Farbe, die mit dem Pinsel oder dem Lappen auf die Wand aufgetragen wird, ergibt einen schimmernden, transparenten Effekt, der interessante Kontraste zu Stilmöbeln oder einem alten Fußbodenbelag bildet. Ein Anstrich mit Hochglanzfarbe hat eine glatte Wirkung und stellt eine großartige Lösung für Küchen und Badezimmer dar, wo Wasser abweisende Oberflächen wichtig sind. Allerdings sieht man bei solchen Anstrichen jede Unebenheit der Oberfläche.

Wer jedoch beschaulicher wohnen möchte, kann sich gedämpfteren Farben zuwenden, die einen klassisch modernen Hintergrund abgeben. Auch in diesem Bereich nimmt man Anleihen bei der Mode mit ihren sanften Braun- und Beigeschattierungen, wie Kamelhaar, Naturledertönen, Leoparden- und Schildpattmustern. Diese zurückhaltenden, subtilen Farben, die bestimmte Texturen und Materialien vortäuschen, können durch kräftige Akzente in gebranntem Apricot, blassem Blau und Pfefferminzgrün belebt oder mit viel Weiß zusätzlich gedämpft werden, um eine beruhigende Atmosphäre zu schaffen.

Und schließlich ist da noch Weiß. Für den heutigen Innenausstatter gibt es nur reines Weiß. Gebrochenes Weiß, Magnolie und jedes andere, wie auch immer getönte Weiß kann fade, halbherzig und ziemlich langweilig wirken. Reines Weiß hingegen absorbiert das Licht wie keine andere Farbe.

Weiß passt zu allem – am besten passt es jedoch zu noch mehr Weiß. Bei einer ganz in Weiß gehaltenen Ausstattung gehen alle räumlichen Ausdehnungen ineinander über, oder der Raum wird zu einem privaten Refugium. Weiß wirkt nicht nur beruhigend, sauber und klar, sondern auch luxuriös. Gleichzeitig kann es aber auch unbarmherzig enthüllend sein. Fehlerhafter Putz lässt sich genauso wenig verbergen wie Schmutz, und eine gut gewählte Beleuchtung ist äußerst wichtig, da das Interieur sonst steril wirken kann.

Weiß in Weiß entspricht zwar den Minimalisten, es muss deshalb aber durchaus nicht starr wirken. Als Dekorationsfarbe hat es sogar einen respektierlichen Stammbaum. Einer der ersten, die sich das theatralische Weiß zunutze gemacht haben, war Charles Rennie Mackintosh. Die Ausstattung seines Hauses, die er zusammen mit seiner Frau Margaret Macdonald im Glasgow der Jahrhundertwende kreierte, wurde wegen der üppigen Verwendung von Weiß – bei Wänden, Möbeln und Dekorationsstoffen – nicht nur als avantgardistisch, sondern als schockierend empfunden. Die Wirkung war schmeichelnd, intim und meditativ – eine Oase des verfeinerten Geschmacks in einer grauen Industriestadt. Später, im 20. Jahrhundert, weißelten Elsie de Wolfe und Syrie Maugham, Innenausstatterinnen der feinen Gesellschaft, die Wände und kalkten die Möbel und schufen dadurch das Nonplusultra an Schick in der Epoche zwischen den beiden Weltkriegen. Das Positive bei der Verwendung von Weiß, die Betonung von Texturen und Licht, hat bis heute noch nichts an inspirierender Kraft verloren.

Unten **Durch das klösterliche Weiß der Decke und der Wände und die minimale Dekoration wirkt dieser Schlafraum licht und sauber. Sogar der tägliche Kleinkram wird von den verglasten Anbauschränken aus Buche, die einer traditionellen Ladeneinrichtung gleichen, vor Staub geschützt.**

Tapete

Tapeten sind schon so lange nicht nicht mehr in Mode, dass Zyniker sagen könnten, die Zeit sei reif für ein Come-back. Natürlich haben sie in manchen Kreisen keineswegs an Beliebtheit eingebüßt: Ob dekorative Dekors oder Streublümchenmuster, Regency-Streifen oder imposante klassische Motive – alle haben ihre treuen Fans. Diese Muster in Stilarten vergangener Epochen scheinen all das zu umfassen, was dem modernen Wohnstil entgegengesetzt ist.

Doch in vielen historischen Phasen, in denen das jeweils zeitgenössische Design dem Geschmack der Allgemeinheit viel näher war als heute, wurden Tapeten hergestellt, die genau mit der jeweiligen progressiven Richtung übereinstimmten. Zu den Klassikern gehören die geometrischen Muster des Maschinenzeitalters der 30er Jahre, organische Motive, die von den wissenschaftlichen Entdeckungen und neuen Technologien der 50er Jahre inspiriert waren, die Pop-Art-Muster der 60er Jahre und die glänzenden Tapeten im Disco-Stil der 70er Jahre. Genau wie Stoffmuster zeitgenössische Themen widerspiegeln können, haben auch die Tapetenmuster bewiesen, dass das Tapezieren von Wänden nicht konservativ sein muss.

Die Tapete wird nie aus der Mode kommen, denn sie ist praktisch, und man kann mit ihr kleinere Wandschäden kaschieren. Wer in einem älteren Haus lebt und sich schon einmal die Mühe gemacht hat, mehrere Tapetenschichten zu entfernen, um den Putz freizulegen, wird darunter

Rechts **Diese phantasievolle, betont graphische Treppe, deren Holzverkleidung ein eingebautes TV-Gerät nebst Schubladen umfasst, kontrastiert wirkungsvoll mit dem rückwärtigen stahlgrauen Anstrich und der angrenzenden Ziegelwand.**

wahrscheinlich nicht die ursprüngliche Wandfläche vorgefunden haben. Beschädigter Putz ist nicht immer störend, aber wenn er sich als unschön erweisen sollte und eine neue Putzschicht zu aufwendig wäre, lassen sich unter der Tapete viele Sünden verbergen.

Leider bietet der Markt meist nur Massenprodukte, sodass ausgefallene Tapetenmuster selten zu finden sind. Am besten wählt man geometrische Muster oder sehr schmale Streifen; es gibt auch einige handbedruckte Tapeten mit deutlichem Art-déco-Einfluss. Falls sich die Suche allzu frustrierend gestaltet, kann man auch seine eigene Tapete herstellen. Dafür bringt man mit Hilfe von Holzmodeln, Stempeln oder Linoleumschnitten einfache Motive auf Makulaturtapete auf. Oder man vergrößert unwiderstehliche Darstellungen im Fornasetti-Stil mit dem Fotokopierer und klebt Geschenkpapier oder Landkarten auf – es lässt sich alles verwenden, was eine starke graphische Wirkung hat, und man kann die Farben wählen, die man mag.

Wandverkleidungen

Für moderne Wandverkleidungen sollte man sich auch die Eigenschaften von Materialien zunutze machen. Wandverkleidungen sind in vielerlei Hinsicht praktisch: Eine strapazierfähige oder abwaschbare Fläche hinter dem Herd, der Spüle oder der Badewanne ist immer sinnvoll. Und Paneele aus unterschiedlichen Materialien können zudem eine ästhetische Wirkung haben, da sie der Wand eine Oberflächenstruktur verleihen, die zum Berühren auffordert und das Licht auf verschiedene und verführerische Art und Weise reflektiert.

Holz ist das klassische Material für Wandverkleidungen. Eine glatte Kiefernholzvertäfelung, die im Handel in Form von Paneelen mit Nut-und-Fe-

Links Eine kahle Wand, ausgestattet mit biskuitfarbener Tapete, dient als neutraler Untergrund für eine Reihe von weißen Blättern, auf denen Gedichte in Schreibmaschinenschrift zu lesen sind.

Oben **Die elegante Wandverkleidung in diesem weißen Schlafraum, der reich an Texturen ist, dient als Kopfbrett und gleichzeitig als Dekoration. Die Hartholzplatten wurden so angebracht, dass die Maserung jeweils im rechten Winkel zur benachbarten Platte verläuft, wodurch die verschiedenen Holztöne gut zur Geltung kommen. Das ganze Paneel wird von einer schmalen, dunkleren Holzleiste eingerahmt.**

der-Profil angeboten wird, kann man farbig anstreichen oder mit einer matten, farblosen Lackschicht schützen. Auch Wandverkleidungen aus Sperrholz sind sehr effektvoll. Große Paneele kann man anschrauben und mit flachen Zierleisten versehen, sodass ein Gittermuster entsteht. Paneele aus Sperrholz oder aus dünnen, furnierten Platten, am Kopfende des Bettes flach an der Wand befestigt, vermitteln ein Gefühl von Wärme und Geborgenheit.

Für kleinere Wandflächen – als Spritzschutz und im Badezimmer – sollte man Materialien wählen, die der Industrieästhetik entsprechen. Biegsames Zinkblech kann man an die Wand nageln, kleben oder schrauben. Es hat eine glänzende, Licht reflektierende Oberfläche. Durch Polieren mit Stahlwolle und anschließend mit Wachs kann man das Metall auf Hochglanz bringen. (Wenn Sie Metallblech in der Nähe von Steckdosen anbringen, vergessen Sie nicht, einen Elektriker zu beauftragen, dieses stark leitende Material zu erden.)

Für transparente Paneele, die die dahinter liegende Wandfarbe erkennen lassen, eignen sich am besten Drahtglas, fein gerippte Kunststoffplatten oder Plexiglas. An der Wand befestigte Paneele aus Maschendraht können zum Aufhängen von Küchenutensilien an Haken dienen. Große Spiegelglaspaneele steigern das Gefühl von Räumlichkeit und Weite. Fliesen sind eine altbewährte Methode, Flächen vor starker Hitze- oder Wassereinwirkung zu schützen. Wagen Sie es, die ganze Wand zu fliesen, nicht nur das Teilstück hinter der Spüle, der Badewanne oder dem Herd – kleine, geflieste Flächen wirken halbherzig und passen nicht in ein gutes Dekorationskonzept.

Beim Gestalten gefliester Flächen hat man die Möglichkeit, mit Maßstäben und Farben zu experimentieren. Ein kleinteiliges Mosaik ist eine attraktive, moderne Fläche, besonders wenn es in einer einzigen kräftigen Farbe gehalten ist oder ein abstraktes Muster aufweist, bei dem man einzelne Steinchen in kontrastierenden Farben oder in Gold, in Spiegelglas oder Glas zwischen die farbigen Steine setzen kann. Vorgefertigte abstrakte Mosaikmuster sind in Plattenform bereits im Fachhandel erhältlich und reduzieren die Arbeit. Mosaiken sind besonders im Badezimmer effektvoll: Das kleinteilige Muster passt zum begrenzten Raum, und der weiche Effekt steht im Gegensatz zu den praktischen Eigenschaften dieser harten, widerstandsfähigen Oberfläche. Spiegelmosaik, das ebenfalls in Plattenform erhältlich

Links Ein Fliesenmosaik in dunklem Türkis umhüllt die Badewanne und macht sie zu einem erholsamen Ort, während es gleichzeitig die Wände vor Wasserspritzern schützt – eine ebenso dekorative wie praktische Lösung.

Unten Die geschickte Verwendung von Zink, Holz und Porzellan in diesem Badezimmer zeigt, wie wichtig Materialien sind, um die richtige Atmosphäre zu schaffen.

Rechts Es gibt Wände, die ohne Behandlung dekorativ wirken. Das Mauerwerk aus urtümlichen, heimischen Natursteinen besitzt genügend Farbe – als Gegengewicht dienen Holz und das Metall der Einrichtungsgegenstände im Raum.

Unten Die einheitliche Ausstattung mit weißen Fliesen ist eine dauerhafte Lösung für Badezimmer, in denen sich Badewanne und Dusche befinden. Die Atmosphäre ist rein und entspannend; Handtücher und Accessoires in klaren Farben mildern die harten Konturen und wirken einem klinisch-sterilen Effekt entgegen.

ist, eignet sich besonders gut für auffallende, glitzernde Einfassungen.

Quadratische Fliesen, die an die Badezimmer großer Luxushotels in den 20er und 30er Jahren erinnern, wirken besonders aktuell. Noch luxuriöser (und teurer) sind die handglasierten, lumineszierenden Keramikfliesen, die diesem im Wesentlichen industriell hergestellten Produkt den Reiz von Unregelmäßigkeit verleihen.

Wenn man Fliesen in einer unerwünschten Farbe geerbt hat, übermalt man sie einfach mit Spezialfarbe. Die Fliesen müssen dafür absolut sauber und trocken sein. Nach einem Voranstrich und zwei Anstrichen in der gewählten Farbe erhalten die Fliesen ein völlig neues Gesicht.

Unverputztes Mauerwerk und unbehandelter Putz

Man kann auch das Material für sich wirken lassen, indem man bereits existierende, dekorative Deckschichten entfernt oder Wände in einem Zustand belässt, den man normalerweise als „unfertig" bezeichnen würde. In älteren Gebäuden und in Industriebauten gibt es ab und zu noch Wände aus massivem Mauerwerk. Wandflächen aus Ziegel- oder Steinmauerwerk kann man mit einem Sandstrahlgebläse bearbeiten. Danach wird die Oberfläche „versiegelt", um den Charakter und die Struktur des Materials zur Geltung zu bringen.

Auch unbehandelter Putz ist eine Oberfläche, die mit vielerlei Vorstellungen verknüpft ist. Putz gibt es in zahlreichen Farbtönen, von rosa getön-

tem Beige, das an Freskomalerei erinnert, bis zum gräulichen Weiß von Industriebauten. Es entspricht einem kompromisslos modernen Wohnstil, den Putz mehr oder weniger unbehandelt zu lassen. Was rein begrifflich als „ehrlich" bezeichnet werden könnte, ist in Wirklichkeit eine Innendekoration wie jede andere, denn unbehandelter Putz wirkt durch seine weiche, matte Textur. Die wärmeren Töne kommen besonders gut im Kontrast zu Ausstattungsgegenständen oder Installationen aus glänzendem Metall zur Geltung. Putz in gebrochenem Weiß kann man hingegen mit Kaolin mischen, um ein kreidiges Porzellanweiß zu erhalten, das ebenfalls ungewöhnlich dekorativ ist – im Grunde eine verfeinerte Nuance des Farbtons, der entsteht, wenn man eine verputzte Wand weiß streicht. Unbehandelter Putz hat die Tendenz zu „verstauben", deshalb empfiehlt es sich, ihn mit einer dünnen Wachsschicht oder farblosem Lack zu versehen. Dadurch kann der Putz zwar etwas dunkler erscheinen, aber diesem Effekt lässt sich entgegenwirken, indem man ein wenig weiße Farbe unter den Lack mischt.

Oben **Unverputzter Beton wurde mit einem stahlgrauen Anstrich versehen, sodass ein weich texturierter Hintergrund für die mit einem Marmorboden ausgestattete Eingangshalle entstand. Das Raumgefüge wird von Tageslicht ausgeleuchtet.**

Details

Wände zu dekorieren ist nicht nur eine Frage der Oberflächengestaltung. Architektonische Details wie Fußleisten und Deckenfriese können trotz der relativ geringen Fläche, die sie einnehmen, ebenfalls wichtige Faktoren sein. In älteren Häusern sind sie meist aufwendig gestaltet und stellen oft einen Blickfang dar. Der Erfolg eines modernen Ausstattungskonzepts kann zum Teil davon abhängen, wie diese Elemente behandelt werden.

Noch vor kurzem hat man viele architektonische Details, die zur Originalausstattung eines Raumes gehörten, wie etwa Friese und Deckenrosen, in einer falsch verstandenen Auffassung von Modernisierung entfernt. Heute beurteilen wir derartige Maßnahmen als regelrechten Vandalismus. Wir haben gelernt, die Merkmale, die von der ursprünglichen Gestaltung des Gebäudes zeugen und erhalten geblieben sind, zu respektieren. In vielen Räumen, in denen man vor einiger Zeit Sockel-, Kranz- oder Rahmenleisten, Stuckverzierungen und sogar Kamine beseitigt hat, wurden diese Details in ihrer ursprünglichen Form wieder installiert, entweder mit Hilfe der geretteten Teile oder als Reproduktionen. Allzu oft erfolgte dann mit Respekt gegenüber dem Originalzustand die entsprechende Dekoration, bei der man sich bis ins Detail sklavisch an die Dekorationen der betreffenden Epoche hielt.

Doch genauso wenig wie die Anwesenheit eines viktorianischen Deckenfrieses fordert, dass man sich in das Jahr 1880 zurückversetzt, bedeutet moderne Innenausstattung nicht, dass das kleinste Detail, das älter als gestern ist, beseitigt werden muss. Wenn man Friese, Rahmen- und Fußleisten in der gleichen Farbe wie die Wand streicht, fallen sie als Zeugen einer vergangenen Epoche weniger auf, während man gleichzeitig die architektonische Vergangenheit unangetastet lässt. Ähnlich ist es mit Holzwerk: Ein Anstrich in

Oben Ein klassischer Kamin, der sich auf das Wesentliche beschränkt – eine Feuerstelle aus Ziegelmauerwerk und eine Grundplatte aus Marmor, mit Holz gerahmt –, ist ein überraschend modernes Element in einer traditionellen Architektur und beweist, dass modern nicht gleichbedeutend ist mit streng und abweisend.

einer kontrastierenden oder einer harmonisch abgestimmten Farbe kann sehr wirkungsvoll sein.

Viele dieser architektonischen Details haben auch praktische Funktionen. Fußleisten schützen den untersten Teil der Wand vor Beschädigungen, und ein Deckenfries verbirgt die Risse an der Oberfläche an den Stellen, wo zwei Putzflächen aufeinander treffen; die Funktion von Bilderleisten muss man nicht erklären.

In modernen Häusern hat man die Möglichkeit, architektonische Details zu reduzieren. Minimalisten versuchen ohne diese Merkmale auszukommen und verzichten auf Fenster- und Türrahmungen, Rahmen- und sogar Fußleisten. Wände kann man ganz dicht über dem Boden durch ein Perlstabmuster absetzen, sodass sie über dem Fußboden zu schweben scheinen; Fenster- und Türöffnungen bleiben ohne plastische Rahmungen. Die Kosten einer derartigen Bauweise können allerdings sehr hoch sein. Wenn man alle plastischen Rahmungen weglässt, muss die Putzschicht völlig plan sein, mit geraden Kanten und rechten Winkeln – ein Maß an Präzision, das schwer zu erreichen ist und teuer werden kann.

Legt man Wert auf ein modernes Detail, so bietet sich eine Fußleiste aus Metall an – dabei sollte man aber einen Elektriker zu Rate ziehen, damit das Metall richtig geerdet wird! Auch eine Fußleiste aus Sperrholz kann sehr wirkungsvoll sein, besonders wenn man sie mit Steckdosen-Abdeckplatten aus Edelstahl kombiniert.

Links **Hier ist die gewagte Transformation eines stilechten Hauses in ein mondänes Domizil hervorragend gelungen. Traditionelle architektonische Merkmale wie Deckenfriese und Wendeltreppe wurden mit schmucklosen Wänden, eingebautem Stauraum und modernen Einrichtungsgegenständen kombiniert.**

Oben Das gesamte Stockwerk dieses traditionellen Stadthauses wurde in einen einzigen Raum umgewandelt, der an einem Ende den Wohnbereich und am anderen den Koch- und Essbereich beherbergt. Eine Küchenzeile dient als Raumteiler.

Rechts Ein Einraum-Apartment wirkt eleganter mit einer dezenten Trennwand aus geripptem Strukturkunststoff, die leise über den Holzboden gleitet und die Sicht vom Essbereich in den Schlafbereich verstellt, ohne das Tageslicht auszuschließen.

Raumteiler

Die offene Raumgestaltung ist eine klassische moderne Errungenschaft. Große Raumeinheiten, die verschiedenen, sich gegenseitig ergänzenden Funktionen dienen, wie Wohnen und Essen oder Essen und Kochen, haben im Laufe der Zeit mehr Anhänger gefunden als die traditionelle Methode, den Wohnraum in einzelne, in sich abgeschlossene, separate Räume aufzuteilen. Wie bei vielen modernen Ideen ist das Konzept nicht neu. Ein Schriftsteller hat den großzügigen kombinierten Wohn- und Küchenbereich einmal mit der mittelalterlichen Halle verglichen. Diese Art der Raumnutzung bedeutet, dass Innen- oder Trennwände häufig überflüssig sind. Zwei Räume zusammen-

zulegen, indem man die trennende Wand entfernt, gehört zu den am häufigsten praktizierten strukturellen Veränderungen (siehe auch Fenster und Türen, Seite 73 f.).

Ein Haus ohne Zwischenwände und -geschosse lässt einen emporstrebenden, doppelt hohen Wohnraum entstehen, der zwar eine aufregende Wirkung haben kann, aber ohne jegliche Vorgabe unbewohnbar wäre. Ein Minimum an Abgrenzung der diversen Aktivitäten ist aus praktischen Gründen, wie etwa Lärmschutz oder der Wahrung der Privatsphäre, immer erforderlich. Darüber hinaus sprechen auch ästhetische Gründe gegen den vollkommen offenen Raum: Eine zu große räumliche Ausdehnung kann ohne Trennlinien merkwürdig formlos und in ihrer Größe unmenschlich wirken.

Das heißt jedoch nicht, dass man zum altbewährten Muster zurückkehren und für unterschiedliche Aktivitäten separate Räume schaffen sollte. Paravents, transparente Trennwände und halbhohe Raumteiler können dazu dienen, den Raum zu strukturieren, die Bewegungen zu dirigieren und bestimmte Bereiche anzudeuten, ohne

Links **Glasbausteine markieren scheinbar das Ende des Raumes, aber in Wirklichkeit teilen sie den Küchenbereich ab. Zwei zusätzliche Räume wurden mit Hilfe von beweglichen Wänden aus gleitenden Holzpaneelen in Türkisblau geschaffen.**

dass man permanente feste Begrenzungen schaffen muss.

Die einfachste und direkteste Methode ist die Einteilung des Raumes durch frei stehende Stellwände. Viele zeitgenössische Designer haben moderne Versionen aus elegant geformten Sperrholzplatten oder interessant gestalteten Paneelen geschaffen. Frei stehende Raumteiler aus Holz, Metall oder Glas mit Metall dienen dem gleichen Zweck. Etwas dauerhaftere Einrichtungen sind Schiebetüren zwischen zwei Räumen oder Faltwände, die an der Decke befestigt und häufig als Trennung zwischen Schulungsräumen verwendet werden. Sie stellen auch eine ideale Lösung für ein großes Kinderzimmer dar. So kann man zum Beispiel ein großes gemeinsames Spielzimmer abends in zwei separate Schlafzimmer teilen. Fensterartige japanische Shoji-Wände strahlen mit ihrer „Verglasung" aus Reispapier und schwarz lackierten Sprossen Ruhe aus und sorgen für weiches Licht. Man kann ihren Stil dadurch verändern, dass man Buche oder andere helle Hölzer für die Rahmen verwendet und anstelle von Reis-

Unten In dieser Küche mit Essplatz wird der geschäftige Kochbereich den Blicken durch eine Trennwand aus Glasbausteinen entzogen. Diese trägt darüber hinaus zur Dekoration bei, ohne den Arbeitsbereich zu beengen.

papier Tyvek – ein neues, Papier ähnliches Material, das Polyäthylenfasern enthält.

Glasbausteine sind das perfekte Material für permanente Raumteiler, da sie lichtdurchlässig sind. Sie wurden erstmals vor dem Ersten Weltkrieg in Deutschland hergestellt und waren ein beliebtes Baumaterial der klassischen Moderne. Wie andere viel verwendete Materialien dieser Zeit – zum Beispiel Sperrholz und Beton – hat man auch Glasbausteine bis vor kurzem gering geschätzt. Sie waren mit dem Makel des Praktischen behaftet, der durch ihren häufigen Einsatz bei Industriebauten entstanden war. Heute werden sie dafür umso mehr eingesetzt.

Glasbausteine kombinieren die strukturelle Stärke und die Eigenschaften von Ziegel- oder

Steinmauerwerk mit der Lichtdurchlässigkeit von Glas. Sie sind zwar lichtdurchlässig, verzerren jedoch die Sicht, sodass die private Sphäre gewahrt bleibt. Sie sind schalldicht und verursachen weder Wärmeverlust noch Wärmestau.

Glasbausteine sind ideale Raumteiler, ohne den Raum optisch einzuengen. Als Material für die Gestaltung eines Treppenhauses, für raumhohe Trennwände, die halb so breit sind wie eine Türöffnung, für Trennwände zwischen Bad und Dusche und zwischen Küche und Wohnbereich brechen sie die Sicht, dämpfen die Geräusche, lassen aber Licht durch. In Reihenhäusern, die nur an der Vorder- und Rückseite Fenster besitzen, ist es wichtig, dass das Tageslicht bis in die Mitte des Hauses vordringt. Trennwände aus Glasbausteinen sorgen dafür, dass die Räume in der Mitte des Hauses vom Licht der Räume profitieren, die Tageslicht erhalten. Wie bei allen derartig ausgefallenen Konstruktionen wirkt

eine großzügige Lösung besser als kleine dekorative Paneele.

Glasbausteine werden in diversen Größen und Farben und mit verschiedener Oberflächenstruktur – von Klarglas bis sandgestrahlt – hergestellt. Sie sind verhältnismäßig teuer und sollten wegen ihres Gewichts und wegen der erforderlichen Bindemittel vom Fachmann verarbeitet werden. Vorsichtshalber sollten Sie sich vergewissern, ob Ihre neue Konstruktion den örtlichen Bauvorschriften entspricht.

Wenn man eine Wand nicht vollständig verlieren möchte, aber freie Sicht in benachbarte Räume schaffen will, kann man Innenfenster installieren, um einzelne Bereiche visuell miteinander zu verbinden. Runde Fenster haben einen stark graphischen Effekt und eignen sich gut, um fensterlose Küchen oder Badezimmer mit Tageslicht zu versorgen. Wie bei Trennwänden wirkt eine sanft geschwungene Form dynamischer als eine gerade Fläche.

Links Glasbausteine sind besonders wertvoll für Räume mit wenig Tageslicht. Hier wird die Privatsphäre durch eine schmale Trennwand geschützt, die gleichzeitig den Einfall von Tageslicht zulässt.

Unten Wände, die teilen und abschirmen, sind vielseitige Ergänzungen für Räume, die zwei oder mehr Funktionen haben. Diese Wand dient der Befestigung des Waschbeckens und als Kopfbrett des Bettes.

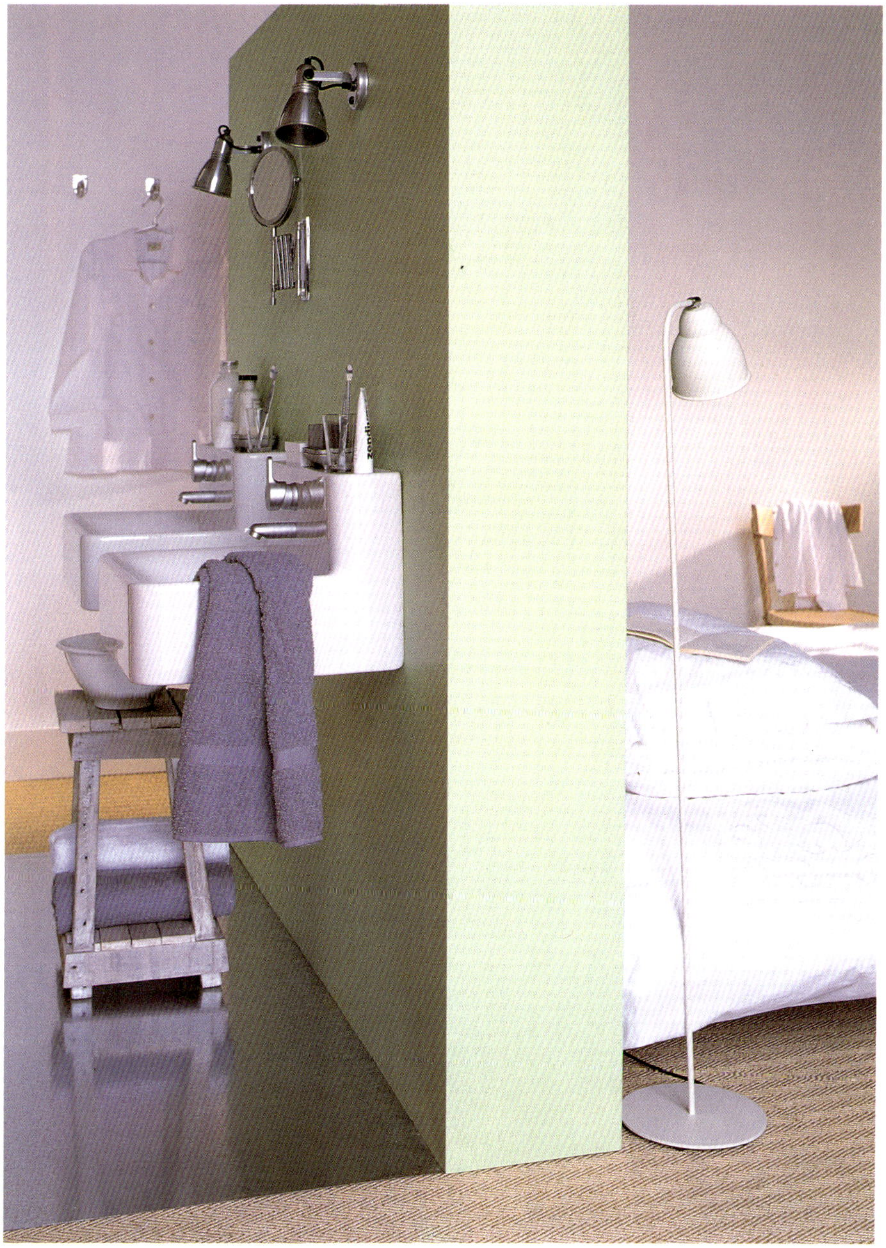

Trennwand aus Kunststoff

Diese kompromisslos einfache, halb opake Trennwand dient als diskreter Raumteiler auf einem Treppenabsatz. Sie bezeichnet den Eingang des Raumes und ermöglicht gleichzeitig, dass Tageslicht bis ins Treppenhaus dringt. Die fein gerippte Kunststoffplatte gleitet zwischen Aluminiumschienen, die an der Decke und am Fußboden befestigt sind.

Die gleiche Vorrichtung kann sehr wirkungsvoll an anderen Stellen des Hauses verwendet werden. Raumbereiche lassen sich markieren, ohne völlig abgetrennt zu werden, wie zum Beispiel in einer Küche mit Essecke, wo man den Kochbereich vom Essbereich abschirmen möchte. Man kann diese Trennwände auch als Schranktüren für Einbauregale in der Küche oder im Wohnzimmer verwenden, sodass der fein gerippte Kunststoff den Inhalt zwar verbirgt, aber nicht völlig verdeckt.

Die Schienen und die Kunststoffplatten kann man im Fachhandel beziehen. Kunststoffplatten sind in verschiedenen Stärken mit verschiedenen Transparenzgraden erhältlich. Für die abgebildete Trennwand wurde ein zwei Zentimeter starker Kunststoff verwendet.

Material und Werkzeug

• Metallmaßband • Gerippte Kunststoffplatte, maßgerecht zugesägt • 2 Aluminiumschienen in der erforderlichen Länge • Holzklotz als Unterlage oder eine Werkbank • Elektrische Bohrmaschine, Bohrer und Schraubendreherklinge • Senker • Senkschrauben

Arbeitsschritte

Die Größe der Trennwand ausmessen und die Kunststoffplatte im entsprechenden Maß zusägen lassen. Falls zusätzlich nachgesägt werden muss, kann man dafür einen Fuchsschwanz verwenden.

1 Aluminiumschiene auf eine Werkbank oder auf den Fußboden legen; zwischen Fußboden und Schiene ein Stück Holz schieben, sodass der Boden beim Bohren nicht beschädigt wird. Mit dem Elektrobohrer in Abständen von 15 Zentimetern Löcher in die Schiene bohren. In die zweite Schiene im gleichen Abstand Löcher bohren. (Man kann auch Schienen mit vorgebohrten Löchern kaufen.)

2 Die gebohrten Löcher mit dem Senker erweitern (die Schrauben müssen eben mit der Schiene sein, damit die Kunststoffplatte reibungslos gleiten kann). Die Schienen mit Senkschrauben an Decke und Fußboden befestigen. Die Kunststoffplatte hineinschieben.

Farbige Leinwandpaneele

Diese Wandpaneele geben dem Ausdruck „unbemalte Leinwand" eine neue Bedeutung. Mit ausgewählten Farben bemalt, bieten sie eine wunderbare Möglichkeit, ein eigenes Farbkonzept für den Raum zu kreieren. Man kann auch Größe und Form der Paneele – passend zum Dekorationsschema – ändern.

Die Befestigung der Leinwände an der Wand ist sehr einfach: Bei schweren Leinwänden, die eine starke Halterung erfordern, können Sie zwei Löcher in den Rahmen bohren, beim Schiffsausrüster ein dickes Seil kaufen, es hindurchziehen und an beiden Enden einen Knoten machen. Das Seil muss so fest wie möglich über die Rückseite gespannt werden, damit es keinen Spielraum hat und die Leinwand so dicht wie möglich an der Wand hängt. Dann wird das Seil an eine solide Halterung gehängt, die zuvor an der Wand befestigt wurde.

Material und Werkzeug

• Grundierte Künstlerleinwand, auf einen Keilrahmen gespannt • Matte Dispersionsfarbe • Farbeimer • 10 cm breiter Pinsel • Hammer und Stahlnägel • Lineal • Wasserwaage • Bleistift

Arbeitsschritte

Hier wurde bereits gespannte Leinwand verwendet, die man in jedem guten Fachgeschäft für Künstlerbedarf erhält. Falls Sie die Leinwand selbst spannen möchten, brauchen Sie einen Keilrahmen, den man ebenfalls im Fachhandel bekommt. Die Leinwand muss straff über den Rahmen gespannt und mit einer Heftpistole befestigt werden.

Es muss ausreichend Farbe für zwei Anstriche vorhanden sein. Das ist besonders wichtig, wenn die Leinwand in einer kräftigen Farbe gestrichen werden soll.

1

2

1 Der Rahmen der unteren Leinwand hängt an zwei Nägeln, die zuvor in die Wand geschlagen werden, einer an jedem Ende der oberen Rahmenleiste. Je nachdem, wo die untere Leinwand hängen soll, den linken Nagel an der entsprechenden Stelle in die Wand schlagen.

2 Das Lineal an den linken Nagel anlehnen und mit Hilfe der Wasserwaage die Position des rechten Nagels mit Bleistift markieren. Den Nagel einschlagen. Den Rahmen an die beiden Nägel hängen.

Wenn die beiden kleineren Leinwände über der großen Leinwand platziert werden sollen, ist es am einfachsten, die Rahmen auf der unteren Leinwand abzustützen und je zwei Nägel knapp über dem Rahmen der beiden oberen Leinwände einzuschlagen, sodass sie dicht über der unteren Leinwand hängen. Die oberen Nägel sieht man nicht in einem Raum, in dem die Höhe der Sitzgelegenheiten niedriger ist als die Höhe der aufgehängten Leinwände.

3 Eine völlig andere Wirkung hat das Arrangement, wenn man die farbigen Leinwandpaneele nebeneinander hängt.

3

Aufgemaltes Wanddekor

Die Schießscheibe in Rot, Weiß und Blau war in den 60er Jahren eine aussagekräftige Ikone der Popkultur. In diesem Beispiel wurden gedämpfte Farben verwendet, um eine Dekoration für eine Wohnzimmerwand zu erzielen, die der heutigen Zeit entspricht.

Eine eintönig gestrichene Wand lässt sich auffrischen, indem man matte Farben und Hochglanzfarben nebeneinander setzt. Glanzfarben sind wegen ihrer toxischen Eigenschaften jahrzehntelang fast völlig von der Bildfläche verschwunden. Seit eine neue Generation von Designern mit einer umweltfreundlicheren Variante experimentiert, erleben sie ein erstaunliches Come-back.

Diese Maltechnik kann man für viele Dekorationsmotive, zum Beispiel für Gittermuster oder über die Fläche verteilte Motive, anwenden. Vertikale Streifen schaffen ein konventionelles Ambiente, ohne dass man auf steife Tapeten zurückgreifen muss, vier große Quadrate können vier

farbige Wandpaneele oder Bilder ersetzen, und beliebig über die Wand verteilte oder in Linien aufgereihte Farbflecken in Hochglanzfarbe können den Schick des Raumfahrtzeitalters symbolisieren. Nebeneinander gesetzte matte Farben und Hochglanzfarben im gleichen Farbton wirken besonders dekorativ; selbstverständlich kann man die Farbtöne beider Anstricharten auch variieren und so eine heitere Pop-Art-Dekoration kreieren.

Material und Werkzeug

• 10 cm breiter Pinsel oder 30 cm breiter Farbroller • Matte Dispersionsfarbe • 5 cm breiter Pinsel • Hochglanzfarbe im gleichen Farbton • Bindfaden • Bleistift • Stahllineal • Holzklotz • Handbohrer • Reißnagel oder Stahlstift

Arbeitsschritte

Die Wand abwaschen. Unebenheiten mit Sandpapier abschmirgeln, Löcher füllen und die Oberfläche glätten. Mit dem 10 Zentimeter breiten Pinsel oder dem Farbroller einen Anstrich mit Dispersionsfarbe auftragen. (Mit dem Pinsel erhält man im Allgemeinen eine glattere Oberfläche.) Ein intensiver Farbton erfordert vielleicht einen zweiten Anstrich. Trocknen lassen. Den Mittelpunkt der Schießscheibe markieren, indem man zwei Bindfäden von den Ecken diagonal über die zu dekorierende Fläche spannt. Den Mittelpunkt markieren und die Bindfäden entfernen.

1 Beginnend im Mittelpunkt der Schießscheibe mit dem Lineal den Durchmesser des ersten Ringes markieren. (Die Kreise in diesem Beispiel haben einen Abstand von 45 Zentimetern zueinander.) Ein Loch in den Holzklotz bohren, sodass man den Bleistift bequem hineinstecken kann. Ein Ende des Bindfadens an einem Reißnagel oder einem Stahlstift befestigen und diesen in den markierten Mittelpunkt hämmern. Das andere Ende des Bindfadens am Holzklotz befestigen. Den Bleistift so weit durch das Loch stecken, dass er auf der anderen Seite herausschaut. Der Abstand vom Nagel bis zum Bleistift muss genau so groß sein wie der Radius des Kreises. Den Holzklotz wie einen Zirkel benutzen, und mit dem Bleistift den ersten Kreis um den Mittelpunkt herum ziehen. Der Durchmesser in diesem Beispiel misst 45 Zentimeter. Den Vorgang für die beiden nächsten Kreise wiederholen und darauf achten, dass der Abstand bis zum nächsten Kreis immer gleich groß ist.

2 Den schmaleren Pinsel in die Hochglanzfarbe tauchen (nicht zu viel Farbe aufnehmen, damit sie nicht vom Pinsel tropft). Den Mittelpunkt und den äußeren Kreis mit weichen Pinselstrichen sorgfältig ausmalen. Damit die Kreisränder möglichst exakt werden, zwischen Pinsel und Bleistiftlinie einen Abstand von 2 Millimetern lassen. Trocknen lassen und einen zweiten Anstrich auftragen.

1

2

FUSSBÖDEN

FUSSBÖDEN

Der Fußboden bestimmt den Charakter eines Interieurs. Darüber hinaus beeinflusst er das Raumempfinden in vielerlei Hinsicht – auch jenseits des optischen Wahrnehmungsvermögens. Die Art und Weise, wie ein Bodenbelag klingt, wenn man auf ihm geht, oder welche Ausstrahlung er hat, wenn man ruhig im Raum sitzt, kann ebenso wichtig sein wie sein Erscheinungsbild. Er stellt einen Hintergrund dar, der sich nicht ignorieren lässt.

Fußbodenbeläge geben uns Gelegenheit, die verschiedensten Texturen einzusetzen, mit ungewöhnlichen Materialien zu experimentieren und unser Gefühl für Räumlichkeit zu schärfen. Wegen der Wirkung von Bodenbelägen auf ihre Umgebung sollte man sie sowohl in praktischer als auch in ästhetischer Hinsicht aussuchen, bevor man sich der übrigen Ausstattung eines Raumes zuwendet. Ein neuer Fußbodenbelag kann teuer werden, und selbst eine Restaurierung oder die Aufarbeitung eines bestehenden Bodenbelags erfordert viel Zeit und Arbeit. Doch diese Investition ist lohnender als für irgendeinen anderen Bereich der Inneneinrichtung.

Heute steht den Innenausstattern eine enorme Auswahl an Materialien, Farben und Mustern zur Verfügung. Außerdem gewinnt eine Vielzahl von Materialien, die man bisher nicht unbedingt mit Fußbodenbelägen in Verbindung gebracht hat, zunehmend an Bedeutung, wie zum Beispiel Glas, Metall und sogar Leder. Es gibt wirklich keine Veranlassung, den sicheren Weg zu gehen und im Herkömmlichen zu verharren, aber jeden Grund, das Ungewöhnliche auszuprobieren.

Will man die räumliche Ausdehnung betonen, so sind harte Fußbodenbeläge vorzuziehen. Vom schicken Understatement polierten Betons bis zur schlichten Eleganz schmaler Holzriemen im Schiffsbodenlook – ein harter Belag verbindet Zentrum und Peripherie eines Raumes, schafft eine übersichtliche Basis für die übrige Dekoration und

besitzt eine fast strukturschaffende Eigenschaft, die zur schnörkellosen modernen Ästhetik passt.

Weichere Materialien, die sich leichter austauschen lassen, wie Teppichboden oder Linoleum, haben ihre eigene Anziehungskraft. Sie sind im Allgemeinen preiswerter, leichter zu pflegen und fühlen sich beim Laufen weicher an als harte Materialien. Außerdem sind sie sehr beliebt, wodurch es allerdings etwas schwierig ist, ihnen den Touch des Ausgefallenen zu verleihen. Doch ein weicher Fußbodenbelag muss nicht unbedingt konventionell aussehen; peppige Farben und Muster, aber auch rein praktische Materialien oder solche, die im industriellen Bereich üblich sind, verleihen dem Interieur Frische und Ausdruckskraft.

Ein modernes Interieur erfordert nicht notwendigerweise einen neuen Fußbodenbelag. Alte oder bereits existierende Böden, insbesondere schlichte Holzdielen, Parkett, Steinböden oder jedes andere Material mit eigenem Charakter, sind perfekte Ergänzungen einer modernen Innenausstattung. Solche Böden, die in jahrelangem Gebrauch Patina erhalten haben, heben sich von smarten, modernen Ausstattungen ab: Ein starker Stilkontrast kann dazu beitragen, ein modernes Ausstattungskonzept in eine ältere Umgebung zu integrieren.

Links Die weichen Farbtöne des restaurierten Hartholzparketts ergänzen die schlichte moderne Einrichtung sowie das helle, ungekünstelte Dekorationskonzept und schaffen eine ruhige Atmosphäre.

Ganz links Die strukturierte, trittsichere Oberfläche der Metallstufen und die stabilen Geländerpfosten erinnern an industrielle Zweckbauten. Der Fußboden der Küche besteht aus rechteckigen Stahlblechplatten.

Holz

Holz ist zu Recht einer der beliebtesten Fußbodenbeläge – es hat eine klare Form, ist aber nicht unerbittlich hart, es besitzt eine warme Ausstrahlung, ist aber nicht übertrieben heimelig. Ein Holzboden eignet sich für fast jede Umgebung, in praktischer und in ästhetischer Hinsicht. Er wird in vielerlei Formaten angeboten, ist für jedes Budget erschwinglich und befriedigt jeden Geschmack. Holz hat eine lange Lebensdauer, bekommt im Laufe der Zeit eine viel geschätzte Patina und bildet eine perfekte Unterlage für Teppiche. Die Muster, die man mit Dielen, Fertigparkett oder Riemen verlegen kann, sind so vielfältig, dass selbst in großen Räumen keine Monotonie aufkommt.

Der klassische moderne Bodenbelag besteht unbestritten aus Hartholzriemen. Esche, Buche, Ahorn und Eiche sind die am meisten verwendeten Hölzer. Jedes Holz hat seine charakteristische Maserung, Struktur und Farbe, wobei man die Naturtöne durch Beizen, Bleichen oder mit Klarlack verändern kann. Hellere Töne besitzen eine natürliche, leicht zurückhaltende Ausstrahlung, die zu einem modernen Ambiente sehr gut passt.

Die haltbarste und teuerste Version sind Riemen oder Parkettstäbe aus Massivholz. Sie werden in verschiedenen Stärken, Längen und Breiten hergestellt. Je stärker, breiter und länger sie sind, desto höher ist ihr Preis; doch große Riemen wirken auch am freundlichsten. Schmale Riemen sind fast ein Opfer ihres Erfolges geworden: Sie erinnern eher an Luxusgeschäfte oder Galerien als an private Interieurs.

Fast noch mehr ist das der Fall bei einer Variante aus Holzriemen mit farbigen Neopreneinlagen. Der synthetische Gummi, der mögliche Veränderungen des Holzes, die durch Temperaturschwankungen oder Feuchtigkeit verursacht werden, kompensiert, macht den Boden gleichzeitig rutschfester – eine wichtige Funktion, die bei seiner ursprünglichen Verwendung als Schiffsboden sehr wichtig war.

Die Riemen werden meist mit Nut-und-Feder-Profil angeboten, sodass sie ohne Zwischenräume verlegt werden können. Vorausgesetzt die Feder befindet sich tief genug unter der Oberfläche, lassen sich Riemenböden abschleifen, wenn die Oberfläche abgenutzt und unansehnlich geworden ist. Dadurch verlängert sich die Lebensdauer des Bodenbelags und macht sich die Investition bezahlt.

Vorgefertigte Versionen von Riemenböden sind preiswerter. Sie bestehen aus Hartholzfurnier auf einer Grundplatte aus weichen Hölzern oder Spanplatten, die manchmal mit Kork unterlegt wird. Diese Böden sind komfortabel, elastisch und relativ einfach zu verlegen. Viele sind sogar versiegelt, und man muss weder Lack noch Wachs auftragen.

Rechts **Die Wirkung der an moderne Industriebauten erinnernde Treppe aus Stahl und Glas wird durch den Holzboden gedämpft. Seine weiche, warme Ausstrahlung ist ein willkommener Gegensatz zu den harten Oberflächen in diesem lichtdurchfluteten Dachgeschossraum.**

Die Art und Weise, wie man Parkett verlegt, trägt zur Dynamik des Raumes bei. Längs verlegte Riemen führen den Blick nach vorn; diagonal verlegte Riemen verleihen dem Raum Bewegung und Lebendigkeit. Kürzere Riemen können im Fischgrätmuster wie traditionelles Parkett verlegt werden.

Einen alten Holzboden zu reparieren oder zu restaurieren ist wirtschaftlich gesehen der günstigste Weg, um einen Bodenbelag im modernen Wohnstil zu erhalten. Abgelaugte oder blank gescheuerte Holzdielen entsprechen dem Motto „Zurück zu den Ursprüngen“, zur Einfachheit – sie sind natürlich, neutral und angenehm für das Auge.

Oben Der helle Eschenholzton des Parketts, des Tisches und der Stühle unterstreicht die Lichtfülle und die Geräumigkeit dieses Speisezimmers, in dem die Fensterrahmen aus dunklem Holz Akzente setzen.

Links Das Parkett aus Buchenriemen setzt sich auf den Stufen dieser schön geschwungenen Treppe fort. Das schlichte Chromgeländer folgt der geschwungenen Linie des Treppenabsatzes und kontrastiert mit dem Holz.

In älteren Häusern, wie etwa in viktorianischen und edwardianischen Reihenhäusern, kann man die unterschiedlichsten Arten von Dielen finden, quer zum Raum verlegt und auf den tragenden Balken ruhend, die von der Vorderseite zur Rückseite des Hauses verlaufen. In neueren Häusern besteht der Fußbodenbelag des Erdgeschosses meist aus Beton, während die Böden in den oberen Stockwerken gewöhnlich Holzdielen aufweisen. In beiden Fällen wurde Kiefer verwendet. In älteren Wohnungen oder Lofts, die ursprünglich Lagerhallen oder Schulen waren, findet man zum Teil noch das ursprüngliche Hartholzparkett, als Riemenboden oder im Blockmuster. Die Renovierung dieser Holzböden erfolgt meist auf die gleiche Weise.

Fast immer ist ein Abschleifen erforderlich, um alte Firnis- oder Wachsschichten zu entfernen und einen ebenen, glatten Fußboden zu erhalten. Vielleicht müssen auch zuerst einige Reparaturarbeiten ausgeführt werden, bevor man mit dem Schleifen beginnen kann – zum Beispiel vermoderte und feuchte Dielen entfernen (und vor allem das Problem beseitigen, das die Feuchtigkeit verursacht hat), fehlende Dielen ergänzen, Zwischenräume füllen, lose Dielen befestigen oder Nägel versenken.

Das Abschleifen selbst ist mühsam, macht viel Schmutz und ist nicht ganz ungefährlich. Die Ausrüstung kann man günstig ausleihen, aber man muss technisches Geschick haben und kräftig genug sein, um die Arbeit richtig ausführen zu können. Aber selbst wenn man einen Handwerker mit der Arbeit beauftragt, ist dies immer noch preiswerter als ein neuer Bodenbelag.

Abgeschliffene Dielen und Hartholzböden brauchen mehrere Schichten Wachs oder Klarlack, damit kein Wasser oder Schmutz in die Maserung eindringt und das Holz zersetzt. Das Problem beim Versiegeln von Kiefernholzdielen ist,

Unten **Zu den Freuden der offenen Raumgestaltung gehört auch, einen Boden zu besitzen, der minimale Pflege und wenig Aufwand für seine Erhaltung erfordert. Dieser Fußboden wurde mit Hilfe von wiederverwendeten Holzdielen restauriert, danach mit Sandpapier abgeschliffen und auf Hochglanz poliert.**

Oben Die herrliche Verschmelzung von Braun- und Taupetönen sowie verschiedene Strukturen schaffen eine Atmosphäre von entspannter Ruhe in einem Raum, dessen Farbkonzept von einem Gemälde inspiriert wurde. Der Holzboden mit seinem sanften Farbton fügt sich in das Farbkonzept ein und bereichert die Komposition durch seine Struktur.

dass sie häufig einen Orangeton annehmen, der manchmal sogar intensiv ist. Um das zu vermeiden, kann man die Dielen zuerst bleichen, um die Farbe aufzuhellen. Ein handelsüblicher Aufheller oder ein Holzbleichmittel lässt den Boden zurückhaltend elegant erscheinen, eine Wirkung, die man normalerweise von teuren Harthölzern gewohnt ist. Man kann den Boden aber auch mit weißer Farbe oder Weißpaste, die in die Maserung eingearbeitet wird, aufhellen.

Abgeschliffene Holzdielen bieten auch eine perfekte Oberfläche für Farbe. Holzbeize, die in einer umfangreichen Farbskala und in zahlreichen Holztönen angeboten wird, färbt das Holz, während die Maserung sichtbar bleibt. Wer eine deckende Farbe wünscht, verwendet einen Holzanstrich. Die Dielen müssen mehrmals mit Grundierfarbe gestrichen werden; für den eigentlichen Anstrich kann man zwischen hochglänzendem und seidenmattem Lack, einer strapazierfähigen Fußbodenfarbe oder ungewöhnlich haltbarer Bootsfarbe wählen. Die strapazierfähigeren Farben sind teurer, schwieriger aufzutragen und benötigen mehr Zeit zum Trocknen. Die seidenmatte Farbe muss zusätzlich mit mattem Lack geschützt werden. Alle anderen Anstriche brauchen keine Schutzschicht.

Wenn Sie den Anblick von Holz lieben, aber ein neuer Hartholzboden zu teuer ist und die alten Holzdielen nicht mehr repariert werden können, bietet Sperrholz eine elegante und ökonomische Alternative. Sperrholz besteht aus dünnen Holzplatten, die miteinander verleimt sind. Es ist stabil, elastisch und auf dekorative Weise verwendbar. Die obere Schicht ist gewöhnlich aus Birke oder Fichte; Sperrholz kann aber auch vollständig aus Birke bestehen. Es wird in Form von Platten oder Quadraten mit Nut-und-Feder-Profil angeboten, die sich leicht verlegen lassen. Man kann es beizen oder bemalen oder einfach mit Klarlack schützen und die warmen Goldtöne wirken lassen.

STEIN

Stein, von cremefarbenem Kalkstein bis zu dunkelblauem Schiefer, trägt zur Kostbarkeit und Eleganz seiner Umgebung bei und erhöht die Wirkung des Interieurs. Stein ist ein traditionelles Material mit vielen kulturellen und historischen Bezügen, kann aber trotzdem überraschend modern erscheinen. Steinböden sind kühl und besitzen mit ihren harten Kanten eine graphische Qualität. In modern ausgestatteten Interieurs stehen sie für luxuriöses Understatement. In warmen Klimazonen ist Stein für das ganze Haus ein Bodenbelag von unaufdringlicher Eleganz; in Regionen mit weniger freundlichem Klima sorgt er in der Eingangshalle, in der Küche und im Badezimmer für den großen Auftritt und für Distinktion.

Stein ist ein äußerst vielfältiges Material, was Farbe, Musterung, Struktur und Formate betrifft. Die schweren großen Natursteine sind teuer und müssen professionell verlegt werden. Sie erfor-

Rechts Die Fliesen aus stahlgrauem Schiefer passen gut zu den Küchenmöbeln aus Buche und den Oberflächen aus rostfreiem Stahl. Schiefer und Holz sind klassische Partner, wenn es um funktionelles, modernes Design geht.

Unten Bodenbeläge können Räume und Bereiche ebenso effektiv voneinander trennen wie Wände. Hier grenzen Hartholzriemen an große Kalksteinplatten; beide Beläge sind nur durch eine dünne Linie voneinander getrennt.

dern einen festen Unterboden, der ihr erhebliches Gewicht tragen kann. Für ein modernes Ambiente ist Kalkstein eine überaus elegante Wahl. Er ist in mehreren Farben und mit verschiedenen Oberflächenstrukturen lieferbar, doch die hellen, neutralen Töne passen am besten zu einer modernen Ausstattung. Die Oberfläche weist manchmal Muster und Strukturen auf – fossile Überreste einer Unterwasserfauna. Große, gleichmäßig geformte Platten besitzen architektonische Qualitäten. Auch Schiefer eignet sich gut für einen modernen Fußboden. Dabei ist die Farbe wichtig: Dunkle Blautöne wirken tiefgründig, Grau- und Grüntöne sind charakteristisch für das Material. Die Oberfläche kann geriffelt oder glatt sein.

Oben **Der Bodenbelag aus verwitterten Natursteinplatten verbindet den großzügigen Eingangsbereich mit der unmittelbaren Umgebung des Hauses. Seine geriffelte Oberfläche ist eine komfortable Lauffläche. Naturstein ist zwar ein traditionelles Bodenmaterial, kann aber in einem Ambiente wie diesem erstaunlich schick wirken.**

Keramikfliesen

Keramikfliesen sind preiswerter als Steinfliesen. Sie lassen sich leichter verlegen, haben ein gleichmäßiges Erscheinungsbild und passen gut zu den klaren Linien moderner Ausstattungen. In einem modernen Ambiente sind Keramikfliesen die beste Wahl, denn sie haben nicht den rustikalen Charakter von unregelmäßigen Terrakotta- oder Bruchsteinfliesen.

Maschinell hergestellte Keramikfliesen sind in Größe und Farbe identisch. Die großen Fliesen kann man im klassischen Schachbrettmuster verlegen, das Klarheit und Ausgewogenheit ausstrahlt; kleine Fliesen wirken unruhig und eignen sich daher am besten für begrenzte Bodenflächen. Fliesen sind in vielen Farben und Texturen erhältlich, von diskreten neutralen Tönen bis zu leuchtenden Primärfarben; darüber hinaus gibt es rutschfeste Fliesen.

Oben Ein Riemenboden aus dunklem Holz grenzt an eine Fläche mit biskuitfarbenen Fliesen. Der starke Farbkontrast deutet an, dass an dieser Stelle die Funktion des Wohnbereichs mit offener Raumplanung wechselt.

Rechts Die weißen Keramikfliesen an den Wänden reichen bis zur Decke und reflektieren den anmutigen Tanz des Lichts, das wie Wasser durch die Scheiben strömt. Keramikfliesen eignen sich besonders gut für Badezimmer, wo ihre Härte und ihre praktischen Eigenschaften von Vorteil sind.

Links Diese kleine Küche wurde ganz in Weiß ausgestattet, damit sie größer wirkt. Da ein weißer Boden unpraktisch gewesen wäre, hat man einen Mosaikboden in Schwarz, Weiß und Grau kreiert, der das kühle Grau der Stahloberflächen aufgreift – eine ebenso dekorative wie praktische Lösung.

Unten Einfarbige Mosaikfliesen sind ein idealer Bodenbelag, wo mehrere Farben und Oberflächen aufeinander treffen. Man kann die kleinen Fliesen in breiten Streifen verlegen, anstatt mühevoll in einzelnen Reihen.

Mosaik

Durch das kleinteilige Muster wirkt Mosaik in den Farbübergängen fast weich. Aus winzigen, in Mörtel gebetteten Teilchen aus Stein, Terrakotta, Marmor oder Keramik kann ein Bodenbelag in strahlenden, vibrierenden Farben entstehen. Da diese Technik arbeitsintensiv und teuer ist, sollte man sich bei Mosaik auf kleine Flächen wie Badezimmer beschränken.

Mosaike geben häufig figurative Darstellungen wieder, aber in einem modernen Interieur lassen sich mit geometrischen Mustern oder einer beliebigen Aufteilung der Farbbereiche erstaunliche Wirkungen erzielen.

Oben Dieser Betonboden wurde mit einer glänzenden Spezialfarbe dunkelblau gestrichen. Zäher Polyurethanlack bringt die Oberfläche auf Hochglanz und schützt sie vor Kratzern und Beschädigungen.

Mitte Ein Bodenbelag aus gestanztem Stahlblech wirkt gestylt und entspricht dem Hightech- und Industriedesign-Stil. Er eignet sich aber trotzdem für begrenzte Flächen wie diese kleine Küche. Seine harte Oberfläche ergänzt den Spritzschutz aus gebürstetem Stahl und kontrastiert angenehm mit dem Holzboden des Essbereichs.

Rechts Ein Terrazzoboden wirkt immer dekorativ. Hier dient er als Basis für das monochrome Farbkonzept des lichtdurchfluteten, zum Ausruhen einladenden Wohnbereichs. Auch die Stufen der Wendeltreppe wurden mit Terrazzo versehen.

Beton

Als die Quintessenz moderner Materialien ruft Beton extreme Reaktionen hervor. Er ist roh, grob, herausfordernd undekorativ und verkörpert alles, was wir an modernen Bauten so leidenschaftlich verabscheuen. Dennoch lässt die Rehabilitierung von Beton, nachdem er jahrelang wegen seiner seelenlosen Nützlichkeit gemieden wurde, nicht mehr lange auf sich warten.

Zunächst scheint es unglaublich, dass dieses Grundmaterial für Hochhäuser in der Innenausstattung Verwendung finden soll, aber als Fuß-

bodenbelag hat es vieles für sich. Es gibt wenige Beläge, die so hart, so kalt und so unelastisch sind und gleichzeitig so weich und so samtig wie Wildleder aussehen können. Als Kulisse für ausdrucksstarke moderne Möbel in Chrom und Leder wirkt Beton konkurrenzlos gewagt.

Beton lässt sich auf vielfältige Weise behandeln, um seine Oberflächenstruktur und Farbe zu verändern. Man kann Muster kreieren, indem man die noch feuchte Oberfläche einkerbt oder in sie kleine Steinchen hineindrückt; nach dem Trocknen wird sie versiegelt und poliert. Will man den Beton farbig gestalten und gleichzeitig die feine Struktur erhalten, färbt man das Grundmaterial mit Pigmenten; man kann aber auch den fertigen Bodenbelag mit Fußbodenfarbe streichen. Sehr schick und elegant wirkt eine Beschichtung mit Acryl- oder Epoxydharz. Sie lässt die Oberfläche ungewöhnlich glänzen, sodass sie beinahe flüssig wirkt.

Terrazzo

Terrazzo ist relativ neu im Wohnbereich. Dieses Material wird im Allgemeinen in gewerblichen Räumen verwendet. Doch die Assoziation mit Hotels, Restaurants und sonstigen öffentlichen Räumen erhöht seine Attraktivität, wie dies bei zweckentfremdeten Materialien ab und zu vorkommt. Terrazzo ist eine Mischung aus Zement und Marmor- oder Granitsplittergranulat und wird entweder an Ort und Stelle gegossen oder in Form von Platten und Fliesen verlegt. Beides ist teuer und muss fachmännisch ausgeführt werden. Terrazzo wirkt kühl und funktionell. Er ist lebhaft, aber dezent gemustert und eignet sich als Bodenbelag für den Eingangsbereich, das Badezimmer sowie für Wohnräume in warmen Klimazonen.

Metall

Ein Bodenbelag aus Metall bietet eine weitere Gelegenheit, sich dem Schock des Neuen, Ungewohnten auszusetzen. Platten aus Aluminiumblech oder galvanisiertem Stahlblech werden normalerweise mit Reliefmustern ausgestattet, zum Beispiel mit einem Rundnoppenmuster, das für eine rutschfeste Oberfläche sorgt. In kleineren Mengen kann man auch das weichere Zink als Bodenbelag verwenden, aber es ist sehr glatt und verkratzt schnell. Für begeisterte Modernisten ist die Assoziation von Metallböden mit Zweckbauten im industriellen Bereich, Ozeandampfern und Flugzeugen unwiderstehlich. Metall kann auf jeder ebenen Fläche, ob Holz oder Beton, verlegt werden; es wird angeschraubt oder aufgeklebt (wie bei anderen Metallverkleidungen sollte man auch hier einen Elektriker zu Rate ziehen, ob eine Erdung erforderlich ist).

Glas

Modernes Dekor zelebriert Transparenz in jeder Form: Der durchsichtige Fußboden ist eine logische Fortsetzung dieser Tendenz. Glasböden für Zwischengeschosse und Treppen wirken äußerst theatralisch. Der Aufbau wird individuell festgelegt. Dann wird das Glas vom Fachmann aus dickem, vorgespanntem Floatglas mit korundmattierten, rutschhemmenden Streifen hergestellt.

Oben **Der gewagte Mix aus sandgestrahltem Glas und Holzdielen wirkt wie ein gestreifter Teppich vor dem Metallgitter, das die Treppe abschirmt.**

Rechts Genoppter Fußbodenbelag aus Gummi, einst das Markenzeichen von Hightech-Design, erlebt heute ein Come-back – seine glänzende Oberfläche und seine relative Wärme wird von der neuen Generation geschätzt.

Unten PVC ist noch immer ein beliebter, preiswerter Belag für einen Küchenboden. Ob man es im Schachbrettmuster oder als einfarbige Fläche verlegt – immer ist es praktisch, wirkt es dezent und, in der richtigen Umgebung, ausgesprochen modern.

Leder

Das Nonplusultra an speziell angefertigten Fußbodenbelägen ist Leder, das luxuriöseste und weichste Material für einen Fußboden – und ein Traum für Sensualisten. Dieser Traum hat natürlich ein Preisschild, doch Leder ist praktischer und haltbarer, als man annimmt.

Leder als Fußbodenbelag wird in Form von Fliesen aus robusten Stierhäuten hergestellt und ist in warmen Naturtönen von Rot und Braun bis Dunkelgrün und Schwarz erhältlich. Ähnlich wie bei Ledermöbeln ist auch ein Bodenbelag aus Leder nicht vor Kratzern gefeit, aber Gebrauchsspuren gehören zu seinem Charakter. Leder ist nicht wasserabweisend und eignet sich daher nicht für die Küche oder das Bad. Im Allgemeinen hält es aber kleinere Spritzer aus, wenn man es gut wachst. Am besten klebt man die Lederfliesen mit einem handelsüblichen Kleber auf einen ebenen Unterboden aus Hartfaser- oder Sperrholzplatten.

Linoleum

Linoleum ist in Bahnen oder in Form von Fliesen in reicher Farb- und Musterauswahl erhältlich. In letzter Zeit hat es wieder an Beliebtheit gewonnen, vor allem bei stil- und umweltbewussten Inneneinrichtern. Nachdem es jahrzehntelang von der Bildfäche verschwunden war, hat die Verbesserung von Qualität und Aussehen, unterstützt durch den Nachweis seiner natürlichen Bestandteile, zu seiner Wiederentdeckung beigetragen. Das vor dem Krieg produzierte Linoleum war meist ein krümeliges, langweilig wirkendes Material, während das heutige Produkt robust und strapazierfähig ist und ein besseres Design aufweist. Linoleum besteht aus natürlichen Materialien wie Leinöl, Kiefernharz, Kork- und Holzmehl, ist antistatisch und antibakteriell, warm und elastisch. Es fühlt sich angenehm an und ist beim Begehen geräuscharm.

Linoleum, das einst in Korridore, Küchen, Badezimmer und Arbeitsbereiche verbannt war, ist heute dabei, eine Hauptrolle zu übernehmen. Mit Linoleum in Bahnen kann der Raum nahtlos ausgestattet werden; für den Laien sind Fliesen leichter zu verlegen. Man kann auch die Bahnen zerschneiden und die Stücke in kühnen Mustern verlegen – bei einer offenen Raumgestaltung lassen sich auf diese Weise diverse Bereiche markieren. Computergesteuerter Zuschnitt ermöglicht das Verlegen komplizierter Muster. Linoleum ist auch in geometrischen Mustern erhältlich, wie in großen Gingham-Karos und Überkaros, während marmorierte, gesprenkelte oder Schlierenmuster zum Standard gehören. Die Farbskala ist umfangreich, und selbst die intensiveren Farbtöne wirken natürlich und

weich. Die Oberfläche ist matt und körnig, kann aber gewachst und auf Hochglanz poliert werden.

Linoleumbahnen sind schwer und schwierig zu handhaben, man lässt sie daher am besten vom Fachmann verlegen. Auch das Verlegen von individuell zugeschnittenen Mustern sollte man Experten überlassen. Fliesen kann man auf einem ebenen Boden mit einem Kleber selbst verlegen.

Gummi

Genoppter Gummibelag erschien im Wohnbereich zum ersten Mal in Zusammenhang mit dem Hightech-Stil, aber seine Beliebtheit dauerte nicht lange, und er verschwand so schnell, wie er gekommen war – zusammen mit dem Hightech-Stil. Jetzt ist er in einer stark erweiterten Farbpalette wieder im Kommen. Das von der Industrie bevorzugte Schwarz und Grau ist noch immer erhältlich, zusammen mit den immer beliebter werdenden Primärfarben, die typisch für den Hightech-Stil sind. Außerdem haben neue, weichere Sekundärfarben sowie marmorierte und gesprenkelte Muster sein dekoratives Potenzial erheblich vergrößert.

Gummibelag ist in Bahnen und Fliesen lieferbar, mit glatter Oberfläche oder mit reliefartigen Mustern. Gerippte oder genoppte Oberflächenstrukturen wirken seinem grundlegenden Nachteil – der allzu glatten Oberfläche – entgegen. Wie viele andere Dinge, die aus ihrem industriellen Zusammenhang herausgelöst und für den Wohnbereich zweckentfremdet wurden, ist ein Gummibelag strapazierfähig und praktisch.

PVC

In den frühen 50er Jahren war PVC der neue Wunderbelag für Fußböden, heute ist es so durchschnittlich wie eine Vorstadt. Da der Markt von Mustern dominiert wird, die andere, teurere Materialien wie Holz, Fliesen und Marmor imitieren, sind die Assoziationen mit der Vorstadt schwer abzuschütteln. Doch außer der Durchschnittsware gibt es glatte, einfarbige Beläge und frischere, zeitgemäße Muster. Viele PVC-Beläge gleichen den in der Industrie verwendeten, die Füllmaterial in Form von Splittern, Körnchen oder Flocken enthalten, um die Rutschfestigkeit zu erhöhen, andere sind in Metallictönen eingefärbt, meliert oder mit Quarzsplittern gesprenkelt, die bei Lichteinfall funkeln.

PVC ist ein synthetischer, thermoplastischer Kunststoff, der durch Weichmacherzusätze biegsam und geschmeidig gemacht wird. Abgesehen davon, dass PVC vor allem ein gut zu pflegendes Material ist, das sich in Form von Fliesen oder Bahnen leicht verlegen lässt, ist es zudem relativ preiswert. Noch günstiger und erfrischender im Design sind PVC-Läufer und -Matten in leuchtenden Farben.

Unten Linoleum ist wieder in Mode gekommen. Es ist eine kreative Wahl, besonders für Küchenböden, wo sich seine antibakteriellen Eigenschaften positiv auswirken. Zu Mustern geschnitten und verlegt oder als einfarbige Fläche – Linoleum ist stets dekorativ.

Rechts Teppichboden steht ganz unten auf der Liste der Bodenbeläge von modernen Innenausstattern, kann aber trotzdem überraschend modern wirken. Voraussetzung dafür ist ein dezentes Muster und dass er mit Augenmaß verwendet wird. Seine Wärme und seine weiche Struktur lassen sich nicht verleugnen.

Oben Ein blaubeerfarbener Teppich mit dichtem Flor, der den gesamten offenen Raum einnimmt, gehört genauso zum Farbkonzept wie die Wand- und Deckenflächen in Flieder- und Blautönen. Sein weicher Flor konkurriert mit dem Fell des Marcel-Breuer-Stuhls.

Teppichboden

Der weichste Bodenbelag ist Teppich. Er ist warm, bietet Komfort und lädt dazu ein, den Boden in den Lebensraum einzubeziehen: Man läuft gern barfuß auf ihm, und Babys lieben es, auf dem Boden herumzukrabbeln; darüber hinaus ist er schalldämpfend, weich wie ein Kissen und leicht zu pflegen. Und obwohl er in vielerlei Hinsicht die ideale Wahl für den modernen Lebensstil ist, hat Teppichboden zugunsten von eher ungastlichen harten Belägen an Beliebtheit eingebüßt und gegenüber den weichen Bodenbelägen aus umweltfreundlicheren, natürlichen Materialien wie Sisal und Kokosfaser an Terrain verloren. Das ist zum Teil dem Ruf des Teppichs als Ort für allergieauslösende Staubmilben zu verdanken, aber auch der neuen „Zurück zu den Ursprüngen"-Mentalität, als deren Folge man Teppichböden herausriss, um die Holzdielen darunter freizulegen. Doch dies hat auch damit zu tun, dass Teppichböden, die einst als luxuriös galten, jetzt Allgemeingut geworden sind und als gewöhnlich angesehen werden. Am unauffälligsten sind die überaus dezenten, neutralen Farben und Texturen, die von modernen Ausstattern einst so bevorzugt wurden, wie die in Industriebauten verwendete anthrazitgraue Schlingenauslegeware und der naturfarbene, gefleckte Berber.

Teppichboden muss aber ganz und gar nicht langweilig sein. Man kann das sinnliche Element betonen, indem man den dicken, samtigen, geschnittenen Flor in luxuriösem Elfenbein oder warmem Schokoladenbraun wählt, um eine Stimmung zu schaffen, die Intimität und Behaglichkeit ausstrahlt. Jenseits der neutralen Farbskala gibt es eine Vielzahl intensiver Farben, die jeden Raum aufpeppen können. Zottiger Flor ist tatsächlich wieder aktuell – und auch Pelzimitationen mit ihrer fragwürdigen Ästhetik.

Dem zunehmenden Wettbewerb von Sisal, Kokosfaser und Jute sind auch die „natürlichen" ungefärbten, gewebten Wollteppiche mit Noppen ausgesetzt, die an die groberen Bodenbeläge aus Pflanzenfasern erinnern, sowie die einfarbigen, damastartigen Texturen der Cut-Loop-Teppichböden mit Hoch-tief-Struktur auf festem Grundgewebe. Wie die Mischungen aus Sisal und Wolle eignen sie sich gut für Schlafräume oder Räume, die wenig frequentiert werden. Die besten Teppiche enthalten einen hohen Anteil an Wolle. Synthetische Fasern wie Acryl als Beimischung steigern die Haltbarkeit und wirken sich preissenkend aus.

Bodenbeläge aus Naturfasern

Bis vor kurzem beschränkte sich die Erfahrung der meisten von uns mit Bodenbelägen aus Pflanzenfasern auf die stachligen Fußmatten aus Kokosfasern oder die Binsenmatten, die einen beliebten, preiswerten Bodenbelag für Studioapartments darstellen. Dies hat sich schlagartig geändert, als Bodenbeläge aus Naturfasern wie Sisal, Kokos, Jute und Seegras mit Latexrücken eingeführt wurden, die man von Wand zu Wand verlegen kann und die so vielseitig wie Teppichboden sind.

Naturfaserbeläge sind klassische neutrale Beläge, die zurückhaltend genug sind, um zu ausdrucksvollen modernen Ausstattungen zu passen, und zugleich eine ungekünstelte Struktur besitzen, die mehr Tiefe und Charakter hat als ein Teppichboden. Die Farben reichen von warmen, goldfarbenen Honigtönen bis zu hellem Biskuit und gebrochenem Weiß; hinzu kommen gestreifte und gemusterte Varianten in kräftigeren Farben, besonders bei Sisal, das sich am leichtesten färben lässt. Sisal in fast schwarzen oder dunklen Indigotönen ergibt einen ausdrucksvollen, modernen Bodenbelag und einen auffälligen Untergrund für Teppiche.

Im Großen und Ganzen wirken diese Materialien frisch, einfach und authentisch und tragen zu einer ungezwungenen, legeren Atmosphäre bei. Einige Varianten haben ganz offensichtlich einen eher ländlichen Charakter, aber die meisten sind anpassungsfähig genug, um einen unkomplizierten Hintergrund für moderne Interieurs abzugeben. Im Allgemeinen sind Naturfasern jedoch nicht so angenehm für die Füße wie ein Teppich, und ohne richtige Pflege oder am falschen Ort verlegt, werden sie leicht fleckig und nutzen sich unverhältnismäßig schnell ab.

Seegras ist glatt, zäh und schmutzabweisend. Das bedeutet aber auch, dass es nicht gefärbt werden kann; es gibt jedoch einige Muster mit farbigen Schussfäden. Kokosfaser ist rau und kratzig; das Grundgewebe wirkt ziemlich rustikal, es gibt aber auch elegantere Ausführungen mit Streifen oder Zickzackmustern. Beläge aus handgeflochtenen Binsen haben einen ländlichen Charakter, fügen sich trotzdem gut in modernere Ausstattungen ein. Keine dieser Fasern eignet sich besonders gut als Treppenbelag.

Sisal ist die vielseitigste Naturfaser mit dem größten dekorativen Wert. Es ist in diversen Farben und Mustern erhältlich. Als Sisal-Woll-Mischung kann man es im ganzen Haus verwenden, außer in der Küche, im Bad und in Bereichen, wo der Belag nass werden könnte.

Unter den Naturfaserbelägen wirken Jutebeläge am modernsten. Darüber hinaus sind sie am weichsten und am wenigsten haltbar. Jute ergibt einen eleganten, subtilen Bodenbelag für minimalistisch eingerichtete Schlafzimmer und ist in vielen Webmustern und Farben erhältlich.

Unten **Ungefärbter Sisal ist staubfrei, farbneutral und steht im Einklang mit dem Ethos der Einfachheit. Daher bietet er sich für das moderne Interieur als Kompromiss zwischen konventionellem Teppichboden und kahlen Holzdielen an. Außerdem ist er ein perfekter Untergrund für Teppiche in leuchtenden Farben.**

TEPPICHE

Teppiche sind ein perfektes Medium, um moderne Interieurs mit Farbe und Mustern anzureichern; sie „verankern" Möbelarrangements innerhalb fließender Großraumflächen mit offener Planung und verbreiten Behaglichkeit, wo sie erforderlich ist, ohne die Kontinuität des bestehenden Bodenbelages anzutasten.

In modernen Interieurs haben Teppiche zweifellos den Status von Kunst, und es gibt viele talentierte moderne Designer, die auf diesem Gebiet arbeiten. Gewagte abstrakte Muster, bunte kalligraphische Zeichen, Entwürfe, die der naiven oder der primitiven Kunst nahe stehen – eine Vielfalt, die ebenso anregend und herausfordernd ist wie die Objekte, die man in Galerien sehen kann. Auch Teppichentwürfe, die von Designern der klassischen Moderne wie Eileen Gray stammen, werden noch heute realisiert. Handgearbeitete Teppiche oder Unikate aus modernen Ausstellungsräumen sind meist extrem teuer, aber es gibt viele moderne Geschäfte, die ein eigenes Sortiment mit bescheideneren Preisen anbieten.

Weniger teuer, aber in einem modernen Ambiente oft genauso effektvoll, sind einfache Webteppiche aus Indien und dem Vorderen Orient. Dhurries und Kelims sind zwar handgearbeitete, traditionelle Produkte aus diesen Regionen, aber ihr frisches geometrisches Design entspricht dem modernen Geschmack. Dhurries sind meist aus Baumwolle, Kelims aus Wolle. Einzelhändler in den westlichen Ländern arbeiten zum Teil mit einheimischen Webern in den Exportländern zusammen und haben sie mit den gängigen Farbkonzepten bekannt gemacht, damit sie die Ware für ihre Abnehmer attraktiv gestalten können.

Bodenbeläge aus Naturfasern, die an den Kanten eingefasst sind und als Teppiche verwendet werden, um bestimmte Wohnbereiche zu markieren, zeugen von modernem Understatement.

Links Teppiche kommen in großen Räumen am besten zur Geltung. Hier erweist ein graphisches Design in leuchtendem Orange und Ocker einem Holzofen Reverenz und bringt mehr Farbe in den Raum.

Unten Kokosfaserteppiche sind sehr gefragt, wenn es darum geht, einen Fußboden aus blanken Holzdielen im Winter zu erwärmen. Die eingefassten Kanten stellen einen farblichen Akzent dar und lenken die Aufmerksamkeit auf die Textur am Boden.

Links Modernistische Webteppiche besitzen die gleiche Wirkung wie auffällige abstrakte Malerei: Sie bringen Farbe und Dekor in Räume, deren Ausstattung Understatement signalisiert. In diesem Wohnraum liefert das kühne geometrische Muster das Gegengewicht zu dem kühlen Glanz des Marmorbodens.

Farbig lackierte Holzdielen

Alte rustikale Holzdielen kann man auffrischen, indem man sie abschleift und Schäden ausbessert, sodass die Oberfläche völlig glatt wird. Ein Anstrich mit Hochglanzlack in Hellgrau verleiht jedem Raum ein puristisches und raffiniert schlichtes Aussehen.

Als Vorbereitung zum Abschleifen werden alte Holzdielen mit einer groben Bürste, Wasser und Schmierseife gereinigt. So löst man den Schmutz und Rückstände von Farb- und Lackschichten, Beize und Flecken werden beseitigt; zudem wird dadurch der Schleifprozess verkürzt. Wenn der Boden gewachst war, muss das

Wachs vollständig entfernt werden. Dazu verwendet man Stahlwolle, die in Terpentinersatz getaucht wird. Anschließend reibt man mit einem sauberen Tuch nach.

Schleifmaschinen sind teuer, sodass es sich empfiehlt, ein Gerät zu leihen. Sie werden gewöhnlich tageweise oder über Wochenenden verliehen. Das Schleifen nimmt viel Zeit in Anspruch, aber das Resultat ist die Anstrengung in jedem Fall wert.

Bodenschleifmaschinen sind mit Staubbeuteln ausgerüstet, aber trotzdem entsteht viel Staub. Ein Atemschutz ist deshalb unerlässlich; ein Ohrenschutz sollte ebenfalls angewandt werden. Öffnen Sie alle Fenster in dem betreffenden Raum, und dichten Sie alle Türritzen mit Klebeband ab.

MATERIAL UND WERKZEUG

• Hammer mit Nagelklaue • Durchschläger • Bodenschleifmaschine • Handschleifmaschine • Kunstharzfüller • Spachtel • Glanzlack und seidenmatter farbloser Kunstharzlack oder matte Latexfarbe und matter farbloser Kunstharzlack

ARBEITSSCHRITTE

1 Alle überstehenden Nägel mit dem Hammer und dem Durchschläger einschlagen, bis sich der Kopf 3 Millimeter unterhalb der Oberfläche befindet. Wenn der Kopf aus der Oberfläche herausragt, zerreißt er das Schleifpapier.

2 Mit dem Schleifen in einer Ecke des Raumes beginnen und diagonal in beide Richtungen schleifen. Dann die Dielen in Längsrichtung mit der Maserung schleifen, um Kratzer zu vermeiden. Von den Wänden nach innen arbeiten und darauf achten, dass die Fußleisten nicht beschädigt werden. Fortfahren, bis alle Reste von Farbe, Lack und Beize beseitigt sind. Dann mit einem Handschleifgerät entlang der Fußleiste schleifen. Das restliche Sägemehl mit dem Staubsauger entfernen.

3 Wenn der Boden glatt und sauber ist, alle Zwischenräume, Löcher und Risse mit Kunstharzfüller verspachteln. Trocknen lassen.

Entweder die matte Farbe und mehrere Schichten matten farblosen Kunstharzlack oder die Hochglanzfarbe und danach den seidenmatten farblosen Lack auftragen. Jeden Anstrich trocknen lassen, bevor der nächste aufgetragen wird. Der Klarlack schützt die Farbschicht.

1

2

3

Belag aus Hartfaserfliesen

Dies ist sicherlich eine der sparsamsten Methoden, einen Boden mit einem neuen Belag zu versehen. Sie können natürlich den Boden eines ganzen Raumes auf diese Weise fliesen, doch die Methode eignet sich besser für eine kleine Bodenfläche – zum Beispiel für einen Arbeitsraum oder einen schmalen Flur. Wenn Sie feststellen, dass die Holzdielen bessere Zeiten gesehen haben und uneben geworden sind, nageln Sie einfach eine Hartfaserplatte darauf, bevor Sie die Hartfaserfliesen verlegen. Am besten lässt man sie in einer Holzhandlung aus Platten schneiden (erkundigen Sie sich vorher nach der Größe der Platten, um möglichst wenig Verschnitt zu haben). In diesem Beispiel wurden Fliesen in der Größe 28 mal 28 Zentimeter verwendet. Die Hartfaserplatten waren bereits geölt, eine Maßnahme, die die Oberfläche strapazierfähiger macht.

Material und Werkzeug

• Bindfaden • 3 mm starke Hartfaserplatten, in 28 cm großen Quadraten • Teppichmesser oder Heckenschere • Hammer • Galvanisierte Nägel, 12 mm lang (Fußbodennägel) • Stahlstifte • Zeitungspapier • Bleistift • Stahllineal • Sandpapier

Arbeitsschritte

1 Um den Mittelpunkt des Boden zu finden (der gleichzeitig der Mittelpunkt der ersten Fliese ist), wird ein Bindfaden in der Mitte einer Wand und in der Mitte der gegenüberliegenden Wand befestigt. Den Vorgang an den beiden übrigen Wänden wiederholen. Wo sich die Bindfäden treffen, befindet sich der Mittelpunkt. Diesen mit einem Knoten, einem Stahlstift oder einem Reißnagel markieren. Der Bindfaden, der parallel zur längsten Wand verläuft, ist die Richtlinie zum Verlegen der ersten Fliesenreihe im Rautenmus-

1

2

3

ter. Den Mittelpunkt der ersten Fliese genau unter den Knoten legen.

2 Die Ecken der Fliese mit dem Teppichmesser quer abknipsen, und zwar nur so viel, dass der Kopf des Nagels an der Schnittstelle des Rautenmusters auf der Oberfläche ruht, wenn man vier Fliesen aneinanderlegt. So verrutschen die Fliesen nicht, wenn man die Nägel einschlägt, außerdem können vier Fliesen mit einem Nagel fixiert werden. Die anderen Fliesen von der Mittellinie nach außen verlegen und mit Nägeln befestigen. Man kann die Fliesen zuvor provisorisch mit Stahlstiften festhalten, damit sie nicht verrutschen.

4

3 Die Fliesen, die an die Wände grenzen, müssen passend zugeschnitten werden. Zuvor aus Zeitungspapier eine Vorlage anfertigen.

4 Die Vorlage auf die Fliese legen und die Schnittkante mit Bleistift markieren. Mit Hilfe des Lineals und des Teppichmessers Ober- und Unterseite einritzen und das überstehende Stück der Fliese abbrechen. Wenn die Kante nicht glatt sein sollte, kann man sie mit Sandpapier abschleifen. Dies gilt für alle Fliesen an den Außenkanten, die ebenfalls mit galvanisierten Nägeln festgehalten werden.

Belag aus Birkensperrholz

1

2

Dieser moderne Fußboden besteht aus breiten Sperrholzplatten aus Birke mit Nut-und-Feder-Profil. Er wurde mit mattem Kunstharzlack versiegelt. Als Erstes muss man die Bodenfläche ausmessen und berechnen, wie viele Sperrholzplatten in den Standardmaßen 2,5 mal 1,25 Meter man benötigt.

Material und Werkzeug

• Hammer • Durchschläger • Bindfaden • Sperrholzplatten aus Birke mit Nut-und-Feder-Profil • Nägel • Sandpapier • Matter farbloser Kunstharzlack • 10 cm breiter Malerpinsel

Arbeitsschritte

Den Raum ausräumen, den Fußboden vorbereiten, indem man hervorstehende Nägel einklopft und die Oberfläche glatt, trocken und staubfrei macht. (Der Vorteil, einen neuen Belag auf bereits existierende Holzdielen zu verlegen, besteht darin, dass man sich nicht allzu sehr mit der Beschaffenheit der existierenden Dielen befassen muss, die als Unterboden dienen.) Als Nächstes den Mittelpunkt des Raumes bestimmen, indem man die Mitten der sich gegenüberliegenden Wände errechnet und diese mit einem Bindfaden verbindet. Wo sich die Bindfäden treffen, befindet sich der Mittelpunkt des Fußbodens. Dieser Punkt dient gleichzeitig als Mittelpunkt der ersten zu verlegenden Sperrholzplatte.

1 Die erste Platte im Mittelpunkt des Raumes so auf den Boden legen, dass die langen Seiten parallel zur längsten Wand verlaufen. Auf der Seite mit den Federn Nägel in einem Neigungswinkel von 45 Grad und in Abständen von 30 Zentimetern einschlagen, damit sie der angrenzenden Platte nicht im Weg sind. Die Nägel so weit einschlagen, dass man sie nicht mehr sehen kann und die Platten gut befestigt sind. Wenn die erste Platte befestigt ist, weitere Platten entlang der Mittellinie verlegen und die erforderlichen Nägel einschlagen. Da es nicht sehr wahrscheinlich ist, dass die Platten genau die richtige Größe für den Raum haben, müssen die Platten, die an die Wände grenzen, nach Maß zugesägt werden.

Wenn alle Platten auf der Mittellinie verlegt sind, die anderen Platten rechts und links von der Mittellinie nach dem Muster einer Ziegelmauer verlegen und die Seiten mit den Federn in die Seiten mit den Nuten schieben. Wahrscheinlich muss man die Platten mit leichten Hammerschlägen einpassen (dabei muss man behutsam vorgehen, damit man die Platten nicht beschädigt). Die Platten an den äußeren Rändern nach Maß zusägen und eventuell die Kanten mit Sandpapier glätten.

2 Mehrere Anstriche mit mattem farblosem Kunstharzlack auftragen, um die Oberfläche vor Schmutz und Kratzern zu schützen. Jede Schicht trocknen lassen, bevor der nächste Anstrich aufgetragen wird.

FENSTER & TÜREN

FENSTER & TÜREN

Fenster

Fenster haben die Aufgabe, unseren Wohnraum zu schützen und gleichzeitig zu erweitern. Sie rahmen die Aussicht auf die Umgebung außerhalb des Hauses und errichten eine Barriere zwischen der öffentlichen und der privaten Sphäre. Der Raum mag so groß oder so klein sein wie er will, seine Fenster sind immer ein natürlicher Anziehungspunkt, der den Blick auf sich lenkt, innerhalb und außerhalb des Raumes.

In modernen Interieurs sind die Fenster häufig überdimensional groß, während die Dekoration auf ein Minimum beschränkt ist. So wird der Lichteinfall maximiert, und der Raum erscheint größer, als er ist. Eine Möglichkeit, das zu erreichen, sind französische Fenster, die man an die Stelle von halbhohen Fenstern setzt und durch die man außerdem eine weitere Tür nach draußen gewinnt. Einfacher und billiger ist es, die Fenster mehr oder weniger undekoriert zu lassen und nur eine Stoffbahn oberhalb des Fensters zu drapieren oder einen Querbehang anzubringen, um einen Akzent zu setzen.

Fenster, durch die man auf einen Balkon, einen Patio oder eine Grasfläche sieht, oder ein Oberlicht, das den Blick in den Himmel freigibt, können mit Stoff und Farbe betont werden. Sie modulieren das Licht und lassen den Innen- mit dem Außenraum verschmelzen. Zugleich entsteht der Eindruck von großzügiger Weite.

Die Atmosphäre eines Raumes kann vom Stil seiner Fenster beeinflusst werden. Deshalb ist es wichtig, dass die Form und das Material der Fenster mit dem Stil und dem Alter des Gebäudes harmonieren: Fenster mit Kunststoffrahmen können noch so praktisch sein, aber in einem Haus im Stil einer vergangenen Epoche sind sie völlig fehl am Platz.

Da neue, große Fenster leicht die natürliche Symmetrie eines Gebäudes stören, wenn die

übrigen Fenster einen anderen Stil haben, kann man Mittelpfosten einsetzen, um die bereits existierenden Fenster im gleichen Raum nachzuahmen. Mittelpfosten unterteilen große Glasflächen und schwächen ihre starke Wirkung ab.

Große Glasflächen können Energiefresser sein, wenn sie nicht sorgfältig eingesetzt wurden. Die Wärme entweicht dann durch die Ritzen, anstatt effektiv genutzt zu werden. Um dieses Problem zu umgehen, experimentieren heute viele Architekten mit Sonnenenergie und nutzen sie als Hauptwärmequelle des Hauses.

Türen

In einem modernen Heim haben Türen eine vielseitige Aufgabe. Sie sind nicht nur ein Bindeglied zwischen zwei Räumen, sie fungieren zeitweise auch als Raumteiler (siehe Seite 35). Die allgemein übliche Praxis, eine Wand zu „durchbre-

Oben Unauffällige, speziell angefertigte Schiebetüren verbinden das Schlafzimmer mit dem angrenzenden Badezimmer. Wenn sie geschlossen sind, stellen die schlichten Buchenrahmen mit den satinierten, einseitig geätzten Glasscheiben eine lichtdurchlässige Trennwand zwischen den beiden Räumen dar.

Links Die tief eingeschnittenen Fenster in diesem sehr zurückhaltend ausgestatteten Badezimmer sind so hoch und so schmal, dass weder Vorhänge noch Rollos nötig sind, um die private Sphäre vollkommen abzuschirmen. Durch das Oberlicht dringt zusätzlich Licht in den Raum.

Oben **Der Unterschied zwischen Fenster und Tür verwischt sich in einem Raum, der durch eingelassene Glasbausteine und eine Schiebetür aus einem einzigen Sperrholzpaneel unterteilt wird. Die Tür zum Essbereich kann geöffnet werden, sodass das Tageslicht vom Fenster auch den übrigen Raum erhellt.**

chen", um den Wohnraum zu vergrößern, ist die einfachste Art, für mehr Licht und Luft zu sorgen. Die Trennung der Räume kann durch verglaste Türen erfolgen oder durch Falttüren aus Sperrholz, die entweder undekoriert oder mit Einsätzen aus fein geripptem Kunststoff oder Stahldrahtnetz verziert sind.

Eine Schiebetür teilt den Raum und öffnet ihn gleichzeitig, wodurch mehr Wohnraum geschaffen wird und trotzdem das Gefühl von zwei separaten Räumlichkeiten nicht verloren geht. „Fließende Türen", wie Perlenvorhänge oder Stoffdrapierungen, markieren Bereiche oder Räume, ohne die Teilung von Funktionen zu fixieren. Und dann ist da immer noch der Vorhang aus Bändern, ohne den keine Küche, die etwas auf sich hielt, in den 60er Jahren auskommen konnte. Ein Vorhang aus Bändern ist sehr praktisch, hält Insekten ab und filtert das Sonnenlicht, während eine kühle Brise für Abkühlung sorgt. Für Kinder ist diese „Tür" einfach zu handhaben, und Haustiere können jederzeit kommen und gehen. Außerdem ist sie ein Farbfleck und verbreitet als licht- und luftdurchlässige Dekoration einen Hauch von Kasbah-Atmosphäre.

In modernen Ausstattungen verschmelzen Türen häufig nahtlos mit den angrenzenden Wänden, die die gleiche Farbe und die gleiche Textur haben. Sperrholzverkleidete Wände wirken zum Beispiel wie eine ununterbrochene Fläche, wenn die Türen ebenfalls aus Sperrholz und minimal dekoriert sind. Eine ähnliche Wirkung haben Glastüren, die sich zu einem Patio öffnen, sodass Innen- und Außenraum zusammen eine optische Einheit bilden.

Andererseits können Türen in einer hellen, modernen Umgebung mit größeren Räumen und wenig Wänden und Türen selbst zu auffälligen Akzenten werden. Ihre Ausmaße dürfen jedoch nicht die der Fenster und der übrigen Raumele-

Links Der Perlenvorhang mit seinen Lichteffekten verhindert die freie Sicht durch die Glastür mit einem metallicfarbenen Rahmen. Als schicker Kontrast zum Webpelzteppich kommt dieser ausgefallene Lichteffekt besonders gut zur Geltung.

Unten Die Harmonie von Weiß in Weiß ist schwer zu überbieten, besonders wenn Türen nahtlos in Wände übergehen. Hier wurde eine Art „Kochnische" in die Rundung der Wand eingebaut, die den Treppenabsatz begrenzt.

mente stören. Türen mit eigenständiger Wirkung, die als Blickpunkte agieren oder als deutliche Begrenzung oder Unterbrechung eines Raumes dienen, können aus verschiedenen Materialien hergestellt werden. Türen aus natürlichen Materialien, wie zusammengepresste Bambusstangen oder wiederverwertete Holzdielen, sind Aufsehen erregende Raumteiler und überraschende Stilelemente. Die Wirkung eines Ambientes, in dem auch schickes Industriedesign zu Worte kommt, wird durch zinkblechverkleidete Schwingtüren oder Türen aus Spanplatten mit Einsätzen aus Stahldrahtnetz noch zusätzlich erhöht.

Bewegliche Türen aus lichtdurchlässigen Glaspaneelen auf schlanken metallenen Laufrollen werfen einen zauberhaften, warmen Lichtschimmer auf beide Seiten des getrennten Raumes, wenn sie abends geschlossen werden. Alternative Lösungen sind über einen Holzrahmen gespannter Kaliko, Zink- oder Aluminiumblech, das die Ästhetik einer Lagerhalle verbreitet, oder kleine Mosaiksteine, auf eine Holzplatte

geklebt, die für einen bunten Effekt sorgen. Eine Anzahl raumhoher drehbarer Stellschirme mit rundgebogenen Sperrholzfurnieren setzt bühnenreife Akzente und bildet in geschlossenem Zustand eine bewegliche „Wand" aus Holz. Schiebetürpaneele kann man mit übergroßen Chromgriffen ausstatten oder mit kleinen Stahlknäufen, je nachdem, welche Bedeutung man ihnen beimessen will.

Die traditionelle Tür aus Hartholz mit Füllungen und Messingbeschlägen kann für das moderne Interieur neu interpretiert werden. Wer sich streng an das Ethos klarer Linien und reicher Texturen halten will, verwendet schlichtes Sperrholz für das Türblatt und verziert es rundherum mit Reißnägeln. Passend zur glänzenden Oberfläche kann man einen schlanken Griff aus Chrom wählen. Speziell angefertigte Türen aus Spanplatten oder Sperrholz dienen als vielseitige Ergänzungen eines Raumes. Sie erweitern das Dekorationskonzept oder setzen einen effektvollen Akzent zwischen Räumlichkeiten. Die Biegsamkeit dieser Materialien bedeutet, dass sie sich mit einer Laubsäge leicht bearbeiten lassen; zum Beispiel kann man ein Bullauge aussägen oder eine Variante der Western-Saloon-Tür anfertigen, indem man die Ober- und Unterkante wellenförmig gestaltet oder aus einer normal großen Tür geometrische Muster in Form von Quadraten, Kreisen oder Kreuzen aussägt.

Aluminiumblech, leicht brüniert und als Paneele auf eine Sperrholztür montiert, signalisiert schickes Industriedesign. Ein Paneel aus Drahtglas oder satiniertem, einseitig geätztem Glas ist eine elegantere Lösung. Das Nonplusultra an eleganten Raumteilern ist eine dicke Glastür. Mit Doppelscharnieren und dekorativen, organisch geformten Stahlgriffen ist sie ein ebenso lichtdurchlässiges wie kühnes und klares Dekorationselement. Doch eine solche Wahl sollte

man sich gut überlegen, wenn kleine Kinder vorhanden sind.

Glatte Türen aus Buchen-, Kirsch- oder gebleichtem Eschenholz, aus einfachem Sperrholz oder Spanplatten können erstaunlich schick aussehen, vor allem wenn sie mit entsprechenden Türbeschlägen ausgestattet sind, entweder in noblem Understatement oder als aufsehenerregender Kontrast. Bei der Größe der Türgriffe kann man seiner Phantasie freien Lauf lassen. Überdimensionale Griffe lassen sich etwas niedriger als üblich anbringen, was als außergewöhnlich empfunden wird, winzige Stahlgriffe kann man dagegen diskret an der senkrechten Türkante befestigen. Man kann auch solide Holzkeile oder geschwungene Griffe, Türknäufe aus Chrom oder farbigem Glas als dezente Kontraste anbringen. Selbst ein Schiffstau kann als Türgriff dienen: Man zieht es durch eine kreisförmige Öffnung, die in die Tür gesägt wurde.

Links Quadratische Glasbausteine und runde Löcher unterbrechen Wände und Türen dieser hellen Küche. Türen und Küchenzeile weisen die gleiche Farbe auf, wodurch der Raum größer erscheint. Die Glasbausteine sorgen für Licht und dienen gleichzeitig als Raumteiler.

Oben Leicht gewölbte Schiebetüren mit Buchenrahmen im japanischen Stil schirmen das Bad ab. Die Fußbodenfliesen und die rechteckigen Türen unter dem Marmorwaschbecken entsprechen den Proportionen der Schiebetüren – ein wohl durchdachter Effekt.

Oben Quadrate aus durchsichtigem buntem Papier wurden im Schachbrettmuster auf die Glasscheiben geklebt; sie verhindern die Sicht und werfen Lichtreflexe in sattem Pink und Türkis in den Raum.

Verglasungen

Standardverglasungen von Fenstern und Türen kann man durch eine Fülle anderer Materialien ersetzen oder verändern, um die Lichtmenge, die in den Raum dringt, zu variieren. Am preiswertesten und einfachsten ist festes Pauspapier, wie es Künstler verwenden. Wenn man es auf die Glasscheibe legt und mit gold- oder chromfarbenen Reißnägeln am Fensterrahmen befestigt, erhält man für wenig Geld eine opake Glasscheibe. Eine andere günstige Möglichkeit farbiger „Verglasung" ist selbstklebende Vinylfolie. Sie ist in einer großen Farbauswahl erhältlich, sodass man für jedes Farbkonzept den passenden Ton findet. Der dadurch entstehende blickdichte Farbeffekt lässt jede weitere Fensterdekoration als überflüssig erscheinen. Man kann die Folie übrigens auch für Türverglasungen verwenden.

Blickdichtes Glas in Form von satinierten, einseitig geätzten Glasscheiben wirkt elegant und schützt die private Sphäre, ohne den Lichteinfall zu reduzieren. Diese Scheiben sind zwar relativ teuer, aber man kann die Kosten niedrig halten, indem man sie nur sparsam verwendet. Wenn man sie in der unteren Hälfte der Fenster an der Straßenseite des Hauses einsetzt, versperren sie neugierigen Passanten den Blick, ohne das Tageslicht stark zu reduzieren. Glasscheiben mit geätztem Dekor, wie Streifen, Buchstaben oder abstrakten Mustern, unterbrechen die Fläche und sorgen für interessante Lichtreflexe an der Ein-

gangstür oder dem Badezimmerfenster. Leider ist geätztes Dekor ebenfalls kostspielig, aber man verwendet es meist auch nur für kleinere Flächen.

Altbestände an farbigem und strukturiertem Glas findet man häufig beim Trödler oder in Spezialgeschäften. Farbiges Glas hat man ursprünglich für Buntglaspaneele im oberen Teil von Fenstern und Türen oder für kleine Eckdekors verwendet, während es von modernen Designern neu interpretiert wurde. Wenn Sonnenlicht durch eine bunte Glasscheibe fällt, entstehen wunderbare kaleidoskopartige Farbtöne, die auch für das modern ausgestattete Interieur sehr reizvoll sind. Glasbausteine (siehe Seite 36 f.) können ebenfalls zum Verglasen verwendet werden.

Bei Innentüren, die nicht geräuschdämpfend sein müssen, ist eine Verglasung nicht unbedingt erforderlich. Ein Durchblick in Form eines Bullauges muss zum Beispiel nicht verglast werden; man kann es aber mit Stahldrahtnetz füllen, um ihm einen Anstrich von modernem Industriedesign zu verleihen. Maschendraht, ein Stück gespannte Leinwand und vieles mehr sind denkbare Alternativen, damit es zu einem attraktiven Blickfang wird.

Ein praktischer Tip: Für französische Türen, große Türen, die auf einen Patio führen, und für Türen innerhalb des Hauses, die regelmäßig von Kindern benutzt werden, muss unbedingt Sicherheitsglas verwendet werden.

Oben Die halbhohen Glasscheiben vor den Fenstern sollen für zusätzliche Sicherheit sorgen. Sie wurden mit Glasfrosting eingesprüht, damit die Privatsphäre erhalten bleibt. Um einen runden Durchblick in der Mitte wurde die aufgesprühte Schicht durch kleine Kratzer unterbrochen, um frisch gefallenen Schnee vorzutäuschen.

Links Das Weiß der Wände und die kobaltblauen Accessoires geben diesem Schlafraum mit traditioneller Architektur einen kühlen, modernen Anstrich. Die geätzten menschlichen Figuren an den farbigen Glasscheiben der Tür lockern die geraden Konturen auf.

Fensterdekorationen

Moderne Räume verlangen ein Höchstmaß an Licht. Als Folge davon entsprechen ihre Fensterdekorationen der Kunst des Weglassens: Sie wirken frisch, klar und werden möglichst sparsam verwendet. Häufig werden verschiedene Elemente kombiniert, um einen schlichten, aber ausdrucksstarken Effekt zu erzielen: Man kombiniert Jalousien mit durchsichtigen Vorhängen oder Sonnenrollos und Vorhänge mit möglichst einfacher Hängetechnik.

Einerseits ist es reizvoll, Fenster in einem modern ausgestatteten Interieur undekoriert zu lassen, doch andererseits kann das Bedürfnis nach Privatsphäre und Wärme stärker sein als der Wunsch nach einem minimalistischen Konzept – wenn man nicht gerade in einer Region mit warmem Klima lebt, wo von außen kein Einblick in das Innere des Hauses möglich ist oder wo die Aussicht außergewöhnlich schön und entspannend ist.

Bis zu einem gewissen Grad bedingt die Form des Fensters seine Dekoration. Bullaugen wirken sensationell, wenn man sie undekoriert lässt, sodass man jederzeit einen Blick hindurch werfen kann. Bogenfenster belässt man ebenfalls am besten undekoriert, es sei denn, man verdeckt sie abends mit zimmerhohen Vorhängen. Einfache Vorhänge aus transparentem Material sind für Atelierfenster geeignet, da sie große Glasflächen weicher erscheinen lassen. Für die traditionellen Schiebe- und Flügelfenster sind Spring- oder Faltrollos am günstigsten, weil sie mit ihren streng geometrischen Formen genau in den Rahmen passen.

Der Hauptvertreter der klassischen Moderne, Le Corbusier, sprach sich für rein weiße Rollos und Lamellenjalousien aus. Zeitgenössische Innenausstatter, die im Großen und Ganzen noch immer an minimalistischen Prinzipien festhalten, sind weniger rigoros, wenn es um die Anwendung anerkannter Prinzipien des modernen Designs geht. In der Tat sind viele Innenausstatter heute nicht mehr überzeugte Anhänger von undekorierten Fenstern, vor allem, wenn es sich um Räume mit Beton- oder Holzböden handelt. Solche Räume erfordern ein höheres Maß an akustischer Dämpfung als jene, deren Böden mit Teppich oder Belägen aus natürlichen Fasern ausgelegt sind. Doch das lässt sich leicht und wirkungsvoll mit Vorhängen und Rollos, aber auch mit Polstermöbeln erreichen.

Links Die einfachen Springrollos sind von unauffälliger Eleganz. Je nachdem wie weit man sie nach unten zieht, versperren sie die Sicht und filtern das grelle Sonnenlicht.

Ganz links Ein verchromtes Stahlrohr dient als unauffällige Vorhangstange, an der vier Vorhangbahnen hängen. In die Oberkanten sind Ösen eingestanzt, durch die die Stange geschoben wird. Der Vorteil besteht darin, dass man die Vorhänge beliebig arrangieren kann.

Unten Lamellenjalousien aus Holz sind eine elegante Lösung für Schiebefenster. Zieht man die Jalousie hoch, kommen die dekorativen alten Fensterrahmen zum Vorschein. Am besten wählt man sie in einem Holz oder einer Holzfarbe, die zu den Möbeln passt.

Unten links Locker gerafft hängt ein Musselinvorhang an einer schmalen Schmiedeeisenstange, die an gegenüberliegenden Wänden rechts und links vom Fenster befestigt ist. Er wird von Klipsen an Ringen gehalten, die leicht über die Eisenstange gleiten.

Unten rechts Die satten Farben und die üppige Stofffülle des indigoblauen und türkisen Vorhangs, dessen Saum dekorativ am Boden aufliegt, kontrastieren mit der glatten, einfarbig gelben Wand und der schlanken, verchromten Stange, die in die Fensternische eingepasst ist.

Vorhänge

Moderne Vorhänge sind cool, farbenprächtig, leicht und lassen Licht und Luft in den Raum. Es handelt sich nicht mehr um üppige, geraffte Stoffschwaden aus gefüttertem Chintz, die zu unnützen Draperien aufgeputzt und mit Quasten und Raffhaltern verziert sind. Heute sieht man über dem Fenster eher einfache Gardinenstangen aus Metall, an denen mehrere Bahnen Musselin in verschiedenen Farbtönen, zum Beispiel in Fuchsiarot, Indigoblau und Safrangelb, hängen. Aus den Stoffen, die Farbe, kulturelle Vielfalt und Beweglichkeit signalisieren, lassen sich gewagte, verführerische Kombinationen vor einem makellos weißen Fenster schaffen. Strukturen sind häufig wichtiger als Muster, besonders wenn man sie durch glatte Oberflächen im übrigen Raum ergänzt. Aufdringliche, rosenüberwucherte Lauben werden durch subtile Muster, wie etwa geometrische Motive, Streifenmuster oder kleine florale Dekors ersetzt.

Aufhängetechniken, Vorhangstangen und Querbehänge

Es gibt viele Möglichkeiten, die übliche Vorhangstange aus Holz mit kugelförmigem Endstück zu ersetzen. Zu den zahlreichen Varianten moderner Vorhangstangen gehören unter anderem eine einfache Chromstange, an der Ringe mit Klipsen oder Stahlringe hängen, ein Stahlrohr vom Baugerüst, ein Polyesterseil, das über Laufräder aus Messing gespannt ist, Metallhaken, die an der Decke befestigt sind, Vorhangdraht, Bambusstangen, Rundstäbe aus Holz sowie Chrom- oder Kupferrohr.

Vorhänge, die schmucklos an schlanken Stangen oder an Nägeln hängen, wirken manchmal wie Wandbehänge. Stoff, der gerade und gleichmäßig gefältelt mit unsichtbaren Haken an einer Schiene befestigt ist, erscheint dagegen unpassend. Bei vielen Vorhängen sind Oberkante und Befestigungsvorrichtungen integriert, wie etwa Steifleinen und Nickelösen oder einfache

Bänder aus dem gleichen oder einem kontrastierenden Stoff, die über der Gardinenstange zusammengebunden werden. Futteralkanten lassen sich leicht über eine Vorhangstange ziehen. Man kann Vorhänge aber auch mit Hilfe von Klettband oder Druckknöpfen aus Messing direkt am Fensterrahmen befestigen. Tagsüber lässt sich der Vorhang zurückziehen und über Raffhalter aus Metall legen oder mit einem Raffhalter aus Stoff oder mit Kordel zurückbinden.

Gewöhnlich bringt man traditionelle Querbehänge und Schabracken in Verbindung mit bombastischen Fensterdekorationen. Sie können aber auch eine wichtige Rolle in einem modernen Dekorationskonzept spielen. Schabracken aus Sperrholz oder Spanplatten in schlichter Kastenform mit gesägten, wellenförmigen Kanten oder mit einigen graphischen Einkerbungen verleihen selbst einfachsten Fensterdekorationen eine individuelle Note und werden häufig zu eigenständigen Blickpunkten. Auch aus modernen Materialien, wie Plexiglas, Zink oder Aluminium, lassen sich Schabracken herstellen, die über sparsam dekorierten Fenstern interessante Akzente setzen.

Links Schlicht bis zum Extrem: Zerknitterter Musselin wird von Klipsen gehalten, die auf einem Drahtseil aufgereiht sind; ein schwerer Stein auf jeder Seite hält das Seil straff.

Oben **In diesem Schlafraum in Weiß mit Holztönen reichen die Fenster bis zum Boden. Sie werden durch dezente weiße Rollos vervollständigt, deren Befestigung diskret in einer Nische zwischen Fensterlaibung und Decke verschwindet.**

Rollos

Je nach Dekorationsstil eines Interieurs kann man Vorhänge in vielen Fällen durch Rollos ersetzen. Sie lassen sich sehr gut mit anderen Rollos oder leichten Vorhängen aus Musselin, Kaliko oder dünnem Futterstoff aus Baumwolle kombinieren. Zu den preiswerten Varianten gehören einfache Bambus- oder Papierrollos.

Rollos können unkompliziert konstruiert sein, wie etwa ein Stück fester Kaliko, über einen Rundstab aus Holz gerollt, der an einer Schiffsleine hängt – aber auch so raffiniert wie starker Kanevas, der über eine Stahlstange gerollt und mit Hilfe einer gut funktionierenden Zugvorrichtung in Position gebracht wird. Bis zu einem gewissen Grad lassen sich auch fertig gekaufte Rollos an jedes Fenster anpassen, aber ausgefallene Maße oder komplizierte Zugvorrichtungen erfordern Spezialanfertigungen.

Wer besonders große Fenster hat, sollte Rollos aus zwei verschiedenen Stoffen in Betracht ziehen – ein Rollo aus transparentem über einem zweiten aus undurchsichtigem Stoff –, damit das Tageslicht durchscheinen kann, aber die Privatsphäre gewahrt bleibt. Eine andere Möglichkeit sind Rollos, die von unten nach oben gezogen werden – sie sind hübsch und sehr praktisch (siehe Seite 92 f.). Rollos aus festem weißem Baumwollstoff, in die man Quadrate oder Kreise schneidet, lassen das Licht durchdringen, während mit Wäschestärke behandelter Musselin für leichte Rollos verwendet werden kann. Verstärkte Kanten sorgen für straffe Formen; Vielfalt und Akzente erreicht man durch Einfassungen in andersfarbigem Stoff.

Faltrollos besitzen weichere Linien als Springrollos. Aus kühlem Kaliko in schmalen oder tiefen Falten gearbeitet, verbreiten sie in einem weißen Ambiente meditative Ruhe. Verwendet man dagegen andere Stoffe und satte, warme Farben

Links Tiefe Fensternischen sind ideal für Faltrollos, die der Strenge der geraden Linien in diesem Wohnraum entgegenwirken.

Unten In einer umgebauten Lagerhalle, deren Fenster größer als sonst üblich sind und nicht den Standardmaßen entsprechen, sind nach Maß angefertigte Lamellenjalousien eine gute Lösung. Eine solche Fensterdekoration lässt sich nicht übersehen.

oder auffällige geometrische Muster, können Faltrollos viel mehr als ein praktisches Zubehör darstellen. Als alleinige Fensterdekoration wirken sie einfach und bringen gleichzeitig Wärme in den Raum, aber mit Draperien oder konventionellen Vorhängen kombiniert, geben sie einen prächtigen Hintergrund ab.

Jalousien sind für alle Fenstergrößen geeignet, und für wahre Minimalisten gibt es keine Alternative. Es sind Varianten aus Stahl, Holz und Kunststoff in großer Farbauswahl und Breite, sowohl in Standardmaßen als auch in Maßanfertigungen, erhältlich. Jalousien sind funktionell, flexibel und elegant. Man kann sie verwenden, um sich vor zu starkem Sonnenlicht zu schützen oder um das Licht zu filtern. Besonders praktisch sind sie in Küche und Badezimmer, wo man den Lichteinfall je nach Tageslicht regulieren muss und man sie – genau wie andere Rollos – als einzige Fensterdekoration oder in Kombination mit anderen verwenden kann.

Unten Die halbdurchsichtigen Vorhänge mit abstraktem Muster erinnern an die skandinavischen Stoffe der 50er Jahre. In diesem Raum wurden moderne Materialien mutig gemischt. Der Stoff entspricht dem Stil der Architektur und betont deren Wirkung.

Stoffe

Ob in neutralen Farben oder Naturfarben, ob gestreift oder mit auffälligen geometrischen Mustern – die Stoffe und Materialien, die Innenausstatter heute gern verwenden, sind kühn, neu und Welten entfernt von den konventionellen Chintzen und Brokaten des vergangenen Jahrhunderts, die sich so lange allgemeiner Beliebtheit erfreuten. In modernen Dekorationskonzepten werden die Stoffe wegen ihrer überzeugenden Einfachheit und ihrer unmittelbaren Wirkung, nicht wegen ihrer optischen Zugehörigkeit zu einem bestimmten Dekorationsstil gewählt.

In den Jahren, die dem Bauhaus folgten, hielt man Strukturen für das Wichtigste im Textildesign. Doch viele der Stoffe, die auf mechanischen Webstühlen hergestellt wurden, besaßen nicht die authentische, lockere Struktur von handgewebten Stoffen. Dies führte dazu, dass viele führende Designer – Jack Lenor Larsen, Dorothy Liebes und die Stoffabteilung von Knoll International in den USA – Versuche machten, Stoffe aus Wolle, Jutefasern und Lurexfäden zu produzieren, die wie handgewebt aussahen.

Geometrische Muster sind sowohl klassisch als auch modern; die Zeit kann ihnen nichts anhaben, und in einem modern ausgestatteten Interieur setzen sie Aufsehen erregende graphische Akzente. Mehrfarbige Kreise, Quadrate oder Zickzackmuster erleben zurzeit dank des erneut erwachten Interesses für schwedische und englische Textilien der 50er Jahre eine Wiederauferstehung in der Welt der Innendekoration. Im Gegensatz dazu bringen dezente, pastellfarbene Gingham-Stoffe und stark stilisierte florale Muster, die Erinnerungen an die ferne Kindheit wachrufen, eine weiche Note in das moderne Dekorationskonzept.

Auch Streifen hat man wieder entdeckt – sie sind das neue Muss für Fensterdekorationen und ersetzen die Karomuster. Sie reichen von Block-

streifen in gewagten Schockfarben bis zu subtileren Kombinationen von satten Blau- und Rottönen im Regency-Stil. Markisenstoff aus reiner Baumwolle in einer erstaunlichen Farbauswahl ist sehr gefragt, denn er erfüllt die beiden wichtigsten Ansprüche, die an die zeitgemäße Innendekoration gestellt werden: Er ist ökologisch unbedenklich und steht für einen reduzierten Dekorationsstil.

Beim nach wie vor beliebten Weiß-in-weiß-Look ist durchsichtiger Musselin oder vorgewaschener Kaliko nicht zu überbieten. Kaliko eignet sich hervorragend für Falt- und Springrollos sowie „improvisierte" oder gesteckte Vorhänge. Dagegen setzen Seide und Organza in neutralen Farben mit ihrem fließenden, luxuriösen Erscheinungsbild in einem klaren, schlichten Dekorationskonzept interessante Akzente.

In großräumigen Apartments, wie etwa in umgebauten Lagerräumen, sind spektakuläre Ausstattungen am richtigen Platz. Lange Bahnen aus

Oben Der strohfarbene Baumwollstoff erhält durch zwei schmale, waagerechte Streifen aus pflaumenblauem Stoff, direkt unterhalb des Fensterbretts, mehr Ausdruck. Die Streifen können auch an den Längs- oder Oberkanten angebracht werden, wo sie die Linienführung betonen. Die Farbe ist ebenfalls wichtig: Eine Farbe, die im Raum bereits verwendet wurde, steigert die Wirkung.

Links Durchsichtiger Musselin trennt einen Bereich des Raumes ab. Er hat buchstäblich etwas Esoterisches an sich – in dem Gedicht von Bertolt Brecht heißt es: „Der erste Blick aus dem Fenster am Morgen."

Oben **Musselin und Kaliko lassen sich gut zu einer neutralen Fensterdekoration in einem Raum kombinieren, der von natürlichem Licht durchflutet wird. Diese Materialien sind preiswert und elegant zugleich, und man kann sie für jedes Fenster und jedes Dekorationskonzept verwenden.**

farbigem Vinyl – von der Art, die man im Allgemeinen für Duschvorhänge verwendet – sind fast unentbehrlich für die großen Fenster einer Lagerhalle. Vinyl gibt es in einer immensen Auswahl an kräftigen Farben. Stärkere Ausführungen kann man auch zu praktischen Rollos für die Küche und das Badezimmer verarbeiten.

Materialien des täglichen Gebrauchs sollte man ebenfalls nicht übersehen. Einfaches braunes Packpapier, Pauspapier und gestärkte Geschirrtücher kann man zu preisgünstigen und praktischen Fensterdekorationen oder Rollos verarbeiten. Eine weitere Möglichkeit ist dicke Luftpolsterfolie.

In einigen modernen Ausstattungskonzepten spielt auch Kitsch eine Rolle. Pompös drapierte Vorhänge aus Samt, Seide oder Organza, zusammen mit überdimensionalen, vergoldeten Spiegeln, Kerzenleuchtern und Pelzimitationen, liefern ein interessantes Spannungsfeld, wenn man sie mit modernen Möbeln in klaren Formen kombiniert.

Ständig werden neue Stoffe entwickelt; zu den interessantesten Neuheiten gehören Stoffe, die von der Entwicklung der Solartechnologie profitieren. Sie werden mit Aluminiumstaub beschichtet und reflektieren Licht und Wärme im Sommer und bewahren sie im Winter – Energiesparen kombiniert mit klarem, gutem Design.

Fensterläden

Fensterläden schützen vor Licht, Zugluft und Lärm. Sie spenden im Sommer Schatten und sorgen an kalten Winterabenden für Behaglichkeit. Moderne Fensterläden werden aus anderen Materialien als bisher hergestellt – das macht sie neu und interessant. Verformtes Sperrholz, Plexiglaspaneele und mit Zinkblech verkleidete Spanplatten sind neue Möglichkeiten, die das klassische Lamellendesign aus Holz ergänzen. Es gibt auch abnehmbare Versionen, die man tagsüber als dekorative Elemente im Raum platzieren kann.

Fensterläden aus Metall findet man vor allem in warmen Gegenden, wo man sich die Hitze während des Tages auf Abstand halten muss. Sie eignen sich für kompromisslos modern ausgestattete Räume, bei denen man die Aussicht gut entbehren kann.

Oben In diesem eleganten Raum, in dem die Fensterläden mit Rahmen und die Fußbodendielen aus Holz noch original erhalten sind, hat man die architektonischen Details unverändert gelassen, damit sie für sich selbst sprechen können.

Links Ein Fensterladen, der doch kein Fensterladen ist. Diese außergewöhnliche Fensterdekoration ahmt eine Jalousie nach.

„Gefrostete“ Verglasungen

Blickdichte Verglasungen von Fenstern und Türen schützen die Privatsphäre, während sie für Tageslicht durchlässig sind. Geätzte oder sandgestrahlte Glasscheiben stellen jedoch leider eine nicht unerhebliche Investition dar. Eine preisgünstigere Lösung bietet eine Spraydose mit Glasfrosting oder mattem farblosem Kunstharzlack. (Glasfrosting kann über die im Bezugsquellenverzeichnis auf Seite 141 unter „Farben- und Oberflächenmaterialien" angegebene Adresse bezogen werden, Kunstharzlack ist in Fachgeschäften für Künstlerbedarf oder im Farbenhandel erhältlich.) Mit einigen selbstklebenden Etiketten oder anderen Aufklebern, die über die Glasfläche verteilt werden, lässt sich eine hübsche Glasfüllung schaffen, sodass kaum jemand feststellen kann, ob hier ein Handwerksmeister oder ein geschickter Dekorateur am Werk gewesen ist.

Unregelmäßige oder regelmäßige Muster lassen sich mit Klebeetiketten in unterschiedlichen Größen und Formen – ovalen und runden, Sternen und Kreisen – gestalten. Mit Klebeband oder doppelseitigem Klebeband kann man kreuzförmige Gebilde anbringen. Eine andere Möglichkeit sind aus Pappe ausgeschnittene Formen. Man zeichnet sie mit dem Bleistift auf Pappe, legt sie auf eine Schneideunterlage und schneidet die Form mit einem Künstlermesser aus. Dann klebt man sie mit Doppelklebeband und viel Phantasie in selbst erfundenen Mustern auf die Glasscheibe: Ein Wellenmuster oder ein Bullauge passt auf eine Badezimmertür, ein geometrisches Muster auf die Eingangstür. Sie können sogar eine stilisierte Landschaft entwerfen oder eine etwas krakelige Beschriftung, die aussieht wie handgeätzt. Wenn die Aussicht durch Ihr Fenster nicht besonders attraktiv ist, besprühen Sie einfach die ganze Scheibe.

Da es schwierig ist, von derart behandeltem Glas Flecken zu entfernen, sollte man die Seite der Scheibe besprühen, die nicht so häufig berührt wird.

Material und Werkzeug

- Klebeband
- Selbstklebende Etiketten
- Spraydose Glasfrosting oder matter farbloser Kunstharzlack
- Künstlermesser

Arbeitsschritte

1 Die Teile der Tür, die die zu besprühende Glasfläche umgeben, abkleben. Hier wurde Abklebeband aus dem Farbengeschäft verwendet, aber mit gewöhnlichem Klebeband oder Papier geht es genauso gut. Die Etiketten mit leichtem Druck auf die Glasscheiben kleben, sodass ein Muster entsteht. (Am besten probiert man das Muster vorher auf einem Stück Papier aus.)

2 Glasfrosting nach Gebrauchsanweisung in gleichmäßigen Bewegungen auf die Fläche sprühen. Die Dose dabei stets im gleichen Abstand von der Glasfläche halten und den Sprühvorgang erst auf dem Klebeband und nicht auf der Glasfläche beenden, damit sich keine Tropfen auf dem Glas bilden. Wenn die Glasfläche trocken ist, die Etiketten vorsichtig mit dem Messer ablösen.

1

2

„Verkehrte“ Rollos

Diese ausgefallene Variante des üblichen Springrollos kann in einem lichtdurchfluteten, sparsam möblierten Wohnraum die Vorhänge ersetzen. Der Vorteil dieser Rollos gegenüber konventionellen Versionen liegt darin, dass sie als Abschirmung dienen; sie verhindern den Einblick von draußen, während durch die obere Hälfte der Fenster das Tageslicht in seiner ganzen Fülle in den Raum dringen kann.

Die Rollos sind aus leichtem, sehr haltbarem Nylon, das man normalerweise zur Konstruktion von Drachen verwendet. Es hat eine feine Struktur und läßt sich gut verarbeiten. (Für ein Rollo muss man leichtes Material verwenden, aber für einen einteiligen Vorhang kann man schwerere Stoffe nehmen.) Der Stoff wird an einer herkömmlichen Rollogarnitur befestigt, wie sie in Kaufhäusern erhältlich ist. In diesem Beispiel wurde weißer Nylonstoff gewählt, er ist aber auch in einer Vielzahl von Farben erhältlich. Das fertige Rollo sollte man vorsichtig behandeln, damit es keine Flecken bekommt.

Material und Werkzeug

• Stoff aus Nylon • Bleistift • Lineal • Schneiderschere • Reißnägel oder Heftpistole und Heftklammern • Pro Fenster eine Rollogarnitur • Vorstechbohrer • Schraubenzieher • L-förmige Haken zum Anschrauben

Arbeitsschritte

Die erforderliche Stoffmenge errechnen, indem man die zu verdeckende Fensterfläche misst. Oben und unten der Stoffbahn jeweils 8 Zentimeter für Säume zugeben. Beim Kauf muss man darauf achten, dass der Stoff breit genug für das Fenster ist; dieser Stoff hat eine Breite von 1,50 Meter – breit genug also für ein herkömmliches Flügelfenster.

1 Den Stoff auf einem großen Tisch ausbreiten. Länge und Breite mit Hilfe des Lineals mit Bleistift auf dem Stoff markieren. Zum Schneiden eine Schneiderschere benutzen; der Stoff ist sehr dünn und verzieht sich leicht, wenn man keine scharfe Schere verwendet.

2 Nach dem Schneiden den Stoff an einem Ende 12 Millimeter einschlagen. Diese Kante an den Rundstab des Rollos kleben oder mit Heftklammern oder Reißnägeln befestigen. Den Stoff auf den Rundstab wickeln. Die andere Stoffkante um den dünnen Holzstab wickeln und im Abstand von 5 Zentimetern mit Heftklammern befestigen. An jedem Ende des Holzstabes eine Kordelschlinge (die Kordel ist in der Rollogarnitur enthalten) mit Heftklammern befestigen. Mit diesen Schlingen wird das Rollo später am Fensterrahmen aufgehängt.

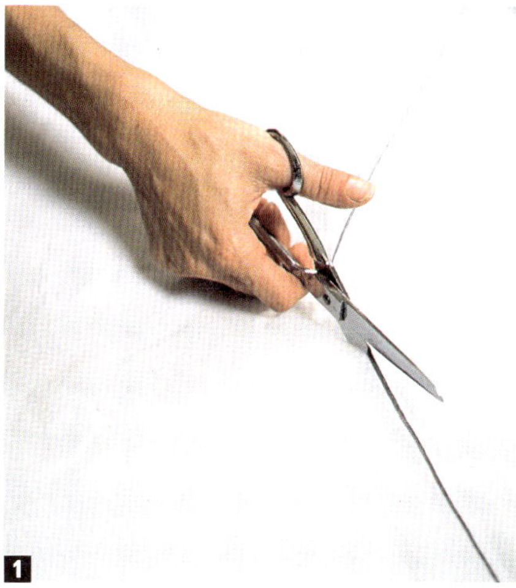

1

2

3

4

Die Positionen der Haltevorrichtungen des Rollos mit Bleistift an beiden Seiten des Fensterrahmens markieren. Mit dem Lineal oder der Wasserwaage kontrollieren, ob die Markierungen in der gleichen Höhe angebracht sind. Mit Hilfe des Vorstechbohrers an den markierten Stellen Löcher für die Schrauben bohren. Die Haltevorrichtungen für den Rundstab mit dem Schraubenzieher am Fensterrahmen befestigen.

3 Den Rundstab mit dem Rollomechanismus in die Kerben der Haltevorrichtungen einrasten lassen, sodass sich das Rollo nach außen, zum Betrachter hin, aufrollt – das sieht ordentlicher aus, weil der Rundstab von der Stoffbahn verdeckt wird.

4 Die Oberkante des Rollos nach oben ziehen und die Positionen für die L-förmigen Haken markieren, indem man den Bleistift durch die Schlaufen an beiden Enden des Holzstabes steckt. Die Löcher mit dem Vorstechbohrer vorbohren und die Haken in den Fensterrahmen schrauben. Das Rollo mit den Schlaufen an die Haken hängen.

Faltbare Fensterläden

In einem modernen Ambiente sind Fensterläden eine stilvolle Alternative zu Vorhängen. Diese faltbaren Fensterläden aus glatten Plexiglaspaneelen sind klar in der Linienführung und einfach in Herstellung, Pflege und Gebrauch. Plexiglas als Material für Fensterverkleidungen ist unkonventionell, aber sehr praktisch: Es ist lichtdurchlässig und schützt gleichzeitig vor neugierigen Blicken von draußen.

Nach Maß zugesägtes Plexiglas erhält man im Fachhandel. Im Vergleich zu anderen modernen Materialien ist es nicht preiswert. Diese Fensterläden aus Plexiglas anzufertigen kostet jedoch nicht mehr als eine fertige Lamellenjalousie.

Wem leuchtende Farben an den Fenstern besser gefallen und wer bereit ist, mehr Geld auszugeben, sollte fluoreszierende Plexiglaspaneele in Betracht ziehen. Bei ihnen konzentriert sich das Licht an den Rändern der Scheibe, sodass das Fenster von einem warmen Schimmer umrahmt wird. Fensterläden aus Sperrholz, Spanplatten oder Hartfaser sind im Gegensatz dazu völlig undurchsichtig.

Material und Werkzeug

Für zwei Fensterläden mit je zwei Paneelen:
• Stahlbandmaß • 4 Plexiglaspaneele, 6 mm stark, je nach Maß • Lineal • Filzstift • Handbohrer • 16 Scharniere, 2,5 cm lang • 64 Muttern, Schrauben und Unterlegscheiben • 16 Holzschrauben • Zange • Schraubenzieher

Arbeitsschritte

Länge und Breite des Fensters messen. Um die Breite der Paneele zu errechnen, die Breite des Fensters durch vier teilen und 3 Zentimeter abziehen – das ergibt einen Spalt von 6 Millimetern zwischen den Paneelen für die Scharniere und einen gleich breiten Zwischenraum zwischen den Fensterläden in geschlossenem Zustand. Beide

Fensterläden sollten so gut passen, dass weder oben noch unten Licht durchdringt. Die Paneele müssen also exakt zugeschnitten werden.

1 Zwei Plexiglaspaneele auf eine harte, ebene Unterlage (eine Holzplatte) legen oder mit einem Spannbügel auf einer Werkbank befestigen. Die Ober- und Unterkanten der Paneele mit dem Lineal ausrichten. Der Abstand der Paneele zueinander muss 6 Millimeter betragen, damit die Scharniere angebracht werden können. Die Positionen der Scharniere und der Löcher für die Schrauben mit Filzstift markieren. Der Abstand der oberen und unteren Scharniere sollte mindestens 15 Zentimeter von der Ober- beziehungsweise Unterkante der Paneele betragen. Die mittleren Scharniere sollten in gleichen Abständen zueinander angebracht werden.

Mit dem Handbohrer die Löcher für die Schrauben der oberen Scharniere in beide Paneele bohren. Die Schutzschicht vom Plexiglas abziehen. Die oberen Scharniere mit Schrauben, Muttern und Unterlegscheiben anbringen, danach die unteren Scharniere. (Beim Anziehen der Schrauben die Muttern und Unterlegscheiben mit der Zange festhalten.) Die mittleren Scharniere und die Teile der Scharniere, die am Fensterrahmen befestigt werden müssen, anschrauben. Bei letzteren sollte der Abstand von der Mitte des Scharniers bis zum Rand der Plexiglasscheibe 6 Millimeter betragen.

Die Scharniere an den beiden anderen Paneelen anbringen.

2 Wenn alle Scharniere befestigt sind, zwei der zusammengeschraubten Paneele auf die Fensterbank stellen, mit den Scharnieren nach außen, um die richtige Position der Scharniere am Fensterrahmen zu ermitteln. Mit Hilfe des Lineals die Positionen für die Schrauben auf dem Fensterrahmen markieren, um sicher zu sein, dass sich diese Scharniere auf der gleichen Höhe befinden wie die an den Paneelen. Das Plexiglas wieder wegnehmen und ein Probeloch in den Fensterrahmen bohren. Die Paneele wieder aufstellen und die Scharniere an den Fensterrahmen schrauben.

Den Vorgang am anderen Teil des Fensterladens wiederholen.

MÖBEL & WOHN-ACCESSOIRES

MÖBEL & WOHNACCESSOIRES

Möbel, Einbauten und Installationen lenken die Aufmerksamkeit auf den modernen Wohnstil. Wenn man sich bei der Ausstattung der häuslichen Umgebung auf die Produkte des modernen Designs konzentriert, erscheint das zunächst wie eine Einengung der Möglichkeiten. Doch was einst ein begrenztes Feld war und in mancher Hinsicht auch ein teures, bietet heute eine enorme Auswahl, nicht nur in Bezug auf Formen und Funktionen, sondern auch auf Preise. Außer den Klassikern berühmter Designer halten die großen Einrichtungshäuser ein immenses Angebot an modernen Einrichtungsgegenständen zu erschwinglichen Preisen bereit. Recycelte Stücke aus dem öffentlichen Bereich, aus Ladengeschäften, Schulen oder Fabriken, erweitern die Auswahl.

Die Bezeichnung „moderne Möbel" beschwört Erinnerungen an jene gewichtigen Stücke aus schwarzem Leder und Chrom herauf, die den „internationalen Stil" der Moderne nach dem Krieg prägten – ein Stil, mit dem man eher die Empfangshalle eines Großkonzerns assoziiert als einen Wohnraum. Wirft man aber einen Blick auf die Kollektionen eines Fachgeschäfts für modernes Design oder in die Räume eines Design-Museums, so bekommt man einen ganz anderen Eindruck, denn auch organische Formen, brillante Farben und die sensible und innovative Verwendung von Materialien waren stilbildend für das moderne Design – von den geschwungenen Linien von Arne Jacobsens *Egg chair* bis zu Zanottas aufblasbarem, durchsichtigem Sessel.

Moderne Möbel können amüsant sein – weshalb sollten sie nicht auch bequem sein. Einfachheit und Funktionalität bedeuten nicht, dass das menschliche Element keine Rolle spielt. Im Gegenteil, Möbel, die nicht bequem sind, können ihre Funktion nicht erfüllen. Einige dieser Kultmöbel des 20. Jahrhunderts haben den Ruf, dass sie alles andere als bequem sind. Viel größer ist

jedoch die Anzahl der Produkte, deren Herstellung wissenschaftliche Untersuchungen über den Bewegungsablauf des menschlichen Körpers vorausgegangen sind.

Ein Schlüsselelement moderner Einrichtungsgegenstände ist ihre Flexibilität. Stühle, die man stapeln kann, Hocker, die als Sitzgelegenheiten oder Tische fungieren, niedrige Anbauelemente auf Rollen, die als mobile Regale konzipiert wurden, sind ideale Ausstattungsstücke für Mehrzweckräume.

Links Die durchgehenden Glasborde dienen der leicht zugänglichen Unterbringung von Kochzutaten und Küchenutensilien. Sie werden von einer Konstruktion aus verchromtem Rundstahl gehalten, die fast die ganze Wandverkleidung aus Stahlblech bedeckt.

Unten Exzentrische, violettrote Sessel aus dem Raumfahrtzeitalter laden mit ihrem organischen Styling zum Ausruhen ein. Ebenso ausgefallen ist die Stehlampe daneben.

Oben Die gekonnte Mischung aus Altem, Neuem und Zeitlosem wirkt klar und modern. Die puristischen Metalltische wurden mit Bugholzstühlen kombiniert, und der mit dicken Sperrholzplatten bedeckte Boden sorgt für lässigen Schick.

MÖBELTYPEN

Das derzeitige Angebot an modernen Möbeln reicht von Stücken der klassischen Moderne, entworfen von berühmten Designern wie Alvar Aalto, Le Corbusier, Charles Eames, Arne Jaocbsen und Marcel Breuer, bis zu den einfachen, anonymen Produkten der Möbelhäuser. Einige jüngere Inkarnationen der Moderne, wie die „fliegenden Untertassen", Stühle aus den 50er Jahren, tauchen hier und da in Secondhandshops und auf Trödelmärkten auf. Darüber hinaus vergrößerte sich in den vergangenen zehn Jahren die Auswahl durch die Arbeiten zeitgenössischer Designer wie zum Beispiel Philippe Starck und weniger bekannter, aber oft ebenso interessanter Hochschulabgänger, die die Klassiker der Zukunft produzieren.

Jeder, der vom Geist der Moderne inspiriert worden ist, hat sich wahrscheinlich irgendwann einmal gewünscht, eine oder mehrere der berühmten Ikonen des modernen Designs des 20. Jahrhunderts zu besitzen. Lange Zeit fand nur die Elite Gefallen an Designerstücken wie der Chaiselongue von Le Corbusier (die, wie sich kürzlich herausgestellt hat, von seiner Assistentin Charlotte Perriand entworfen wurde), Mies van der Rohes Barcelona-Stuhl, dem Eames-Stuhl und vielen anderen. Dies hatte zur Folge, dass sie zwar nur in kleiner Stückzahl, aber doch kontinuierlich produziert worden sind. Viele solcher Entwürfe waren ursprünglich für die Massenproduktion bestimmt wie Thonets Kaffeehausstühle aus Bugholz, die einst so weit verbreitet waren, dass sie schon fast zum Gattungsbegriff wurden. Da aber die Moderne fast das ganze Jahrhundert lang nur wenige begeistern konnte, sind Entwürfe wie der Armsessel von Le Corbusier zu spektakulären Statussymbolen geworden. Heute erzielen Originale auf Auktionen hohe Preise; selbst die in Lizenz hergestellten, neuen Versionen sind teuer.

Zu den Designermöbeln der klassischen Moderne, die in den letzten Jahren neue Anhänger gefunden haben, gehören auch Möbel der großen skandinavischen Designer Arne Jacobsen und Alvar Aalto. Die gerundeten Formen von Jacobsens farbigen Stühlen wie dem Ei *(Egg chair)* und dem Schwan *(Swan chair)* zeigen die Schönheit der organischen Formsprache der Moderne, und der ausladende Hardoy-Sessel („Schmetterling") von 1938 mit seinen brillanten Regenbogenfarben ist fast zu einem Klischee geworden. Nicht ganz so markant, aber erstaunlich vielseitig ist der klassische Stapelhocker von Alvar Aalto – man kann ihn als Sitz, als Nachttisch oder als Beistelltisch verwenden.

Am anderen Ende der Berühmtheits- und Preisskala befinden sich die modernen Kollektionen der heutigen Möbelfachgeschäfte. Noch nie war es so einfach, preiswerte moderne Möbel zu kaufen: lange, niedrige Sofas mit abklappbarer Rückenlehne, Stapelstühle, zusammenklappbare Stühle aus Aluminium oder mit Holzsprossen, Beistelltische aus Metall, Lehnstühle aus Sperrholz mit Sitzen aus Gurtgeflecht, Esstische aus Glas mit Metallrahmen, Bettgestelle aus Stahlrohr – die Liste wächst ständig. Diese Möbel sorgen mit ihren klaren Linien und Formen, verbunden mit der charakteristisch skandinavischen Sensibilität für Materialien, für erfrischendes Understatement in der Innenausstattung.

Im alltäglichen Wettbewerb gewinnt die Arbeit zeitgenössischer Designer immer mehr Beachtung. Neue hoffnungsvolle Talente kann man am besten auf Möbelmessen aufspüren. Witzige, innovative Entwürfe aus besonders haltbaren, neuen Materialien wie Polypropylen, recyceltem Kunststoff, Papiermaché und Neopren stellen Herausforderungen an die traditionellen Vorstellungen von Form und Funktion dar. „Verwandlungsmöbel", wie etwa Stühle, die sich zu Schränken umfunktionieren lassen oder wie Taschen verstaut werden können, lösen die konventionellen Grenzen zwischen Möbeltypen und Nutzungsmöglichkeiten auf.

Hightech ist tot, aber die Idee des Recycelns lebt weiter. Secondhandshops und Trödelmärkte sind eine gute Quelle für Gebrauchsmöbel, die aus Schulen, Krankenhausern, Ladengeschäften, Büros oder Fabriken stammen. Stapelstühle aus Stahlrohr und Kanevas aus Kirchenräumen, Metallschränke aus Zahnarztpraxen, Rollwagen für Medikamente aus Krankenhäusern, Aktenschränke aus Büros, Vitrinen aus Textilgeschäften – sie alle ergänzen die Einrichtung im modernen Wohnstil. Jedes beliebige Stück mit klaren Formen kann aufgearbeitet werden und mit Hilfe von Farbe ein frisches, modernes Aussehen erhalten. Mit Zinkblech oder anderen Materialien – wie etwa Plexiglas auf einer Tischplatte (siehe Seite 116 f.) – lassen sich in einem modernen Ambiente Akzente setzen.

Oben **Diese lange, schlichte Sitzbank bietet ausreichend Platz, um bei Bedarf auch einmal als Bett zu fungieren. Große Kissen und eine dünne, feste Matratze sorgen für Wärme und Bequemlichkeit. Das hölzerne Rahmengestell ist solide gebaut und verschmilzt optisch mit den Holzdielen und den in neutraler Farbe gestrichenen Wänden.**

Zurück zu den Ursprüngen

Man muss nicht unbedingt zu den puristischen Minimalisten gehören, um die Vorzüge von Geräumigkeit zu schätzen. In einer überfüllten Welt ist Raum – leerer Raum – das ultimative Beruhigungsmittel. Im eigenen Heim den Dingen die ihnen gebührende Bedeutung geben heißt, jedes ermüdende Durcheinander und überflüssige Detail zu entfernen und sich auf das zu konzentrieren, was wirklich wichtig ist. Essenzielle Einrichtungsgegenstände sind nicht nur funktional im praktischen Sinn, sondern sie tragen zur Bequemlichkeit und zur Lebensfreude bei.

Moderne Innenausstattung zeichnet sich nicht dadurch aus, dass traditionelle Möbel einfach durch moderne Stücke ersetzt werden. Vielmehr wird die Funktion eines Raumes berücksichtigt beziehungsweise die Voraussetzungen für sie werden geschaffen. In den privaten Räumen des Hauses, zum Beispiel im Schlafzimmer, kann Schlichtheit erstaunliche Resultate hervorbringen. Ein großes Bett, eine freie Fußbodenfläche und sanfte Beleuchtung bilden ein Refugium, in das man sich vom Stress und von den Mühen des Alltags zurückziehen kann. Für Wohnräume gilt das Gleiche. Bequeme Sitzmöbel, gute Beleuchtung, ein Tisch zum Essen oder zum Arbeiten sind der Anfang. Diese Grundeinstellung führt nicht nur zu einer Reduzierung der Besitztümer und Einrichtungsgegenstände, sie sorgt auch für eine grundlegende Übereinstimmung aller Bereiche des Hauses.

Mischen und kombinieren

Eine moderne Einrichtung wirkt eher spärlich möbliert als überladen, wobei der Raum durch lose arrangierte Möbel, die verschiedenen Zwecken dienen, definiert wird. Doch wo weniger mehr ist, kommt jedem Stück doppelt so viel Bedeutung

Unten **Dieser gut strukturierte Wohnraum enthält nur die wichtigsten Möbelstücke. Er wirkt hell und behaglich, und die Dekoration beschränkt sich auf das Wesentliche.**

zu, und die gesamte Ausstattung sollte harmonisch und wie selbstverständlich wirken. Verteilt man einzelne berühmte Designermöbel im Raum, wird dieser eher einem Design-Museum gleichen als einem Wohnraum; andererseits riskiert man mit einer schlichten und zurückhaltenden Möbelkollektion, dass sie ein wenig langweilig und ideenlos wirkt. Deshalb sollte man Einzelstücke und Einrichtungen kombinieren und mit Maßstab, Proportionen und Formen experimentieren, sodass eine dynamische Mischung entsteht.

Allgemein bekannte, berühmte Designermöbel ziehen manchmal zu viel Aufmerksamkeit auf sich. Ein Raum, der voll von solchen Einzelstücken ist, wirkt oft zu unruhig, als dass das Auge sich zwischen dem einen und dem anderen Zitat entscheiden könnte. Meist ist es effektiver, ein Designerstück mit einfachen Möbeln in klaren Formen als praktischem Hintergrund zu kombinieren.

Schlichte Möbel, die serienmäßig angefertigt werden, sind sehr nützlich, um Kontinuität zu schaffen. Aalto-Hocker – oder deren lizenzierte Kopien – bieten vielseitig verwendbare Flächen in allen Räumen des Hauses. Einfache, funktionelle Stühle, wie Regiestühle, Hans Corays Aluminiumstühle, Klappstühle oder Sprossenstühle, sind unauffällige Partner für einen Esstisch oder zusätzliche, mobile Sitzgelegenheiten für den Wohnbereich.

Auch der Maßstab ist wichtig. In einer Durchschnittswohnung gehört das Sofa im Allgemeinen zu den größten Möbelstücken. Ein ausladendes Sofa ist eine Ruhezone erster Ordnung, und in einem hellen, großflächigen Mehrzweckraum lässt es sich als Bezugspunkt für Möbelarrangements verwenden. Unförmige, ausgestopfte Formen wichen klaren Linien, schlichten Polsterbezügen und sichtbaren Beinen. Die asymmetrisch geschwungene Rückenlinie eines Sofas bringt Bewegung in eine zurückhaltende, rechtwinklig ausgerichtete Einrichtung, und Polstermöbel in einer lebhaften Farbe setzen Akzente.

Nebeneinander platzierte kontrastierende Materialien machen ein modernes Interieur interessant. In Wohnräumen kann man Polstermöbel mit Beistelltischen aus Metall kombinieren, im Essbereich bildet ein Holztisch zu Metallstühlen oder ein Glastisch zu Holzstühlen einen Kontrast – die Einfachheit der Form gewinnt durch verschiedene Materialien an Lebendigkeit.

Analog dazu kann sich ein exzentrisches altes Möbelstück oder eine Trouvaille vom Trödelmarkt problemlos in ein modernes Ambiente einfügen. Praktischen Gebrauchsgegenständen und -möbeln ist eine gewisse Anpassungsfähigkeit zu eigen, aber auch elegante Stücke wie vergoldete Spiegel oder Kommoden mit Schnitzdekor lassen sich gut in moderne Ausstattungen integrieren.

Oben **Weiß in Weiß wirkt immer dekorativ – solange man es nicht übertreibt. Hier ergänzen sich subtile Nuancen von gebrochenem Weiß, während der Fußboden aus Ahorn einen hellen Holzton beisteuert. Die rustikalen Holzstühle wurden mit einem weißen Anstrich aufgefrischt.**

Rechts Das klassische Chesterfield-Sofa mit dem Bezug aus Kuhfellimitation ist ein ironisches Statement in dieser sonst so nüchtern-industriell gestalteten Küche – und gibt ihr einen frivol-glamourösen Touch.

Unten Kompakte, kubische Anbauelemente, die eine Stereoanlage und eine umfangreiche Sammlung von Kassetten und CDs diskret beherbergen, dienen gleichzeitig als Raumteiler und als Rückwand für das moderne Sofa.

Polstermöbel und Kissen

Die Zeiten, in denen Modernität gleichbedeutend war mit rechten Winkeln, harten Oberflächen und dem Komfort einer durchschnittlich ausgestatteten Mönchszelle, sind vorbei. Einfachheit und klares Design sind nicht unvereinbar mit den Freuden des Lebens, und Polstermöbel, Sitzkissen und lose Kissen können eine Atmosphäre von Wärme und Komfort schaffen – die nicht nur für unser physisches Wohlbefinden wichtig ist.

Abnehmbare Bezüge für Sofas und Sessel sind überaus praktisch, und viele Polstermöbel werden heute auf Wunsch damit ausgestattet. Sie müssen keine gefältelten Volants aufweisen, wie sie für chintzüberladene Gesellschaftszimmer

typisch waren. Mit Klettverschlüssen lässt sich ein straffer, maßgeschneiderter Sitz erzielen, der der Form des Stückes entspricht. Mit kräftigem Indigoblau, sattem Rot, Senf oder Grasgrün entstehen lebhafte Akzente. Strebt man zurückhaltende Eleganz an, sollte man es mit Weiß versuchen.

Polsterungen neigen dazu, sich weit schneller abzunutzen als das Rahmengestell, und ein neuer

Bezug kann teuer werden. Ein Sofa, in dem noch ein Rest von Leben steckt, kann man mit einem preiswerten, fröhlich wirkenden Überwurf, einem Quilt oder einer Decke mit gewebtem Waffelmuster in gebrochenem Weiß oder in einer kräftigen Farbe auffrischen. Weiche Wolldecken in gedämpften, neutralen Farben oder Überwürfe aus Fellimitation können willkommene Ergänzungen für kühle Abende sein.

Kissen lockern die geraden Linien moderner Möbel auf und sorgen mit ihren Strukturen, Farben und Formen für Abwechslung. Stoffmuster, die Fell imitieren, sind als ironisch gemeinte Zitate sehr beliebt, und aufblasbare, durchsichtige Kissen sind ein Muss für Pop-Art-Fans. Darüber hinaus hat ein Designer eine Kollektion von runden Sitzkissen in poppigen Farben aus Neopren auf den Markt gebracht.

Oben Dieser schmucklose, einladende Kamin hat Anspruch darauf, Blickpunkt zu sein – also platzierte man samtbezogene Fußbodenkissen in verlockender Nähe. Kerzen und elegante, schlanke Flaschen aus geätztem Glas mit einzelnen grünen Blütenstielen komplettieren das subtile Arrangement.

Oben Küchenelemente aus rostfreiem Stahl und Holz kontrastieren mit den Wänden in leuchtendem Apfelgrün und Lavendel. Die Glasplatte des Tisches profitiert von dem Licht, das durch das Oberlicht einströmt, und sorgt für interessante Lichtreflexe.

Installationen und Einbauten

Modernes Design lockert die Ordnung und die Funktionalität moderner Interieurs durch Farben und Strukturen auf. Unterschiedliche Materialien für Installationen und Einbauten bieten ideale Möglichkeiten, Vielfalt und Individualität zu schaffen. Die Küche ist der Bereich, wo man Modernität stets als etwas ganz Natürliches empfunden hat, sie sogar voraussetzte. Küchen sind vor allem Arbeitsplätze mit Installationen und Versorgungsanschlüssen, die gut geplant sein müssen, um einen logischen, reibungslosen Arbeitsablauf zu ermöglichen. Doch viele von uns halten sich mehr und mehr in der Küche auf und beschäftigen sich dort mit allen möglichen Dingen, die nur am Rande mit Kochen zu tun haben. Die Küche als Lebensraum sollte, wie der Rest des Hauses, die Emotionen ansprechen.

In einer Küche gibt vor allem das Material der Arbeitsplatte den Ton an: schwere Steinplatten oder glatte Granit-, Holz-, Metall- oder Laminatflächen kontrastieren effektvoll mit diskret angebrachten Einbauelementen. Ein Spritzschutz aus Zinkblech, Fliesen oder Drahtglas wirkt mit seiner Industrieästhetik überaus modern.

Ist es zu aufwendig, die alte Kücheneinrichtung durch eine neue zu ersetzen, so kann man Anbauelemente, Schubladen und Schränke ganz einfach und mit wenig Kosten aufarbeiten. Unter einer Farbschicht lassen sich viele Sünden verbergen, und sogar geflieste Flächen, die einem nicht mehr gefallen, sehen mit einem Anstrich ganz anders aus. Neue Türblätter und Schubladenfronten kann man sich vom Schreiner anbringen lassen: Alte Rahmentüren mit Füllungen werden durch ebene Türblätter oder durch verglaste Türen ersetzt und mit neuen Griffen versehen.

Während die Einbauküche einst der Inbegriff von Modernität war, ist der moderne Wohnstil von heute durch frei stehende Behältermöbel gekennzeichnet – eine gute Investition, denn sie passen sich auch bei einem Umzug den neuen Räumlichkeiten wieder an. Den Arbeitstisch mit integriertem Fleischblock und moderne Versionen klassischer Stauraummöbel wie etwa Küchenschränke gibt es heute in modernem Design, das nicht automatisch das Leben in der Dienstbotenetage von anno dazumal heraufbeschwört. Übrigens sind Secondhandshops gute Quellen für „maid-servers" aus der Vorkriegszeit – Universalküchenschränke aus bemaltem Holz oder aus Metall. Die logische Weiterentwicklung der Küche mit frei stehenden

Links Eine Mischung aus fest installierten und frei stehenden Küchenelementen ist die moderne Antwort auf den langweiligen Einheitslook von Einbauküchen. In ein Einbauelement, das einen Kühlschrank und einen Schrank mit schimmernden Türpaneelen verbindet, wurde ein Weinregal integriert.

Unten Diese individuell gestalteten, mit Hartfaserpaneelen versehenen Elemente sind auf Rollen montiert – eine schnelle Umgestaltung der Küche ist daher kein Problem. Die Arbeitsplatten aus Buchenholz und die beweglichen, an der Decke befestigten Halogenspots sind interessante Alternativen zu den üblichen Küchenausstattungen.

Küchenelementen sind die bereits erhältlichen, mobilen Arbeitseinheiten, die mit sämtlichen Versorgungsanschlüssen ausgestattet und in die Herd, Spülbecken und Arbeitsplatte integriert sind.

Da unser Geschmack immer ausgefallener wird und der kulinarische Horizont sich ständig erweitert, liegt es nahe, sich von der professionellen Kücheneinrichtung anregen zu lassen. Das Zubehör – Kochzutaten, Geräte, Kochtöpfe – wird offen zur Schau gestellt und hängt an Gestellen, die an der Wand oder an der Decke befestigt sind. In die gleiche Richtung weisen die Haushaltsgeräte aus glänzendem Stahl in Partyservice-Format, die immer mehr Anhänger finden. Übergroße Kühlschränke aus Metall mit durchsichtigen Glastüren sind eine spektakuläre Ergänzung der Küchenausstattung; etwas provokativ wirken Kühlschränke in Schockfarben.

Das Bad, ein weiterer Raum, der im Wesentlichen mit Armaturen ausgestattet ist, dient vor allem der persönlichen Pflege und Erfrischung. Es ist ein Ort, an dem man sich der Anspannungen des Tages mit warmem, duftendem Wasser entledigen kann. Die moderne Ausstattung konzentriert sich auf diese elementaren Eigenschaften und kreiert ein Erholungsparadies für die Sinne.

Im Gegensatz zu den übrigen Räumen des Hauses hat das Badezimmer keine besondere Geschichte. Innen liegende Rohrleitungen entstanden in der späten Entwicklungsphase des Wohnhauses, und jahrzehntelang hat man das Dekorations- und Gestaltungspotenzial des Badezimmers fast völlig ignoriert. Diese Situation hat sich in den letzten Jahren radikal geändert. Eine Flut von innovativen Entwürfen für Badezimmerinstallationen und -armaturen erschien auf dem Markt. Das moderne Badezimmerdesign konzentriert sich vor allem auf in den Boden eingelassene Badewannen in phantasievollen Formen, kapselartige Duschkabinen, Handwaschbecken, die wie Glasschalen auf einem Tisch zu stehen scheinen, und ausdrucksvoll gestaltete Wasserhähne. Während traditionelle Badezimmerausstattungen noch die Solidität der ersten, industriell hergestellten Sanitärartikel besitzen, stammen die Inspirationen für die neuen Versionen eher von elementaren Vorbildern wie den japanischen Wannen für heiße Bäder. Die Kübel und hölzernen Wannen haben unter anderem bei Philippe Starcks originellen Badezimmerausstattungen Pate gestanden.

Einige moderne Versionen zeigen die Versorgungsrohre unverhohlen: Waschbecken auf frei stehenden Konsolen werden durch sichtbare, plastisch gestaltete Rohrleitungen versorgt. Das andere Extrem sind Installationen, die so gut in die Ausstattung integriert sind, dass sie wie ein nahtloses Ganzes wirken.

Wenn das Budget es nicht erlaubt, ein völlig neues Badezimmer installieren zu lassen, kann man der Standardausstattung mit dekorativen Accessoires ein modernes Gesicht verleihen, wie etwa mit Wasserhähnen aus verchromtem Stahl, Kosme-

tikschränken aus brüniertem Metall, einem Rasierspiegel an einem ausziehbaren Schwenkarm und mit frei stehenden Regalen aus Metall und Glas.

In modernen Interieurs können einfache Installationen wie Heizkörper spektakuläre, ausdrucksstarke Elemente darstellen. Der übliche flache Heizkörper nimmt einen beträchtlichen Teil der Wandfläche ein und reduziert so die Möglichkeiten für das Arrangieren der Möbel – und dabei handelt es sich noch nicht einmal um ein interessantes Ausstattungselement. Dagegen ist das moderne Heizkörperdesign absolut nicht alltäglich. Lange, niedrig angebrachte Windungen laufen rund um den Raum, und an den Wänden platzierte bogenförmige oder gitterartige Gebilde sorgen für lebhafte, künstlerisch gestaltete Akzente. Für alle, die Spaß am Kauzigen haben, sind Heizkörper im alten Stil in kräftigen Farben eine Alternative.

Oben Badezimmerarmaturen aus Chromstahl sind wichtige Details in modernen Badezimmerausstattungen. Der Markt bietet eine enorme Auswahl an künstlerisch gestalteten Formen.

Links Dieser Heizkörper aus Chromstahl ist mit Halterungen zum Aufhängen von Handtüchern ausgestattet und dient daher gleichzeitig als Handtuchhalter. Dadurch wurde Energie und Platz gespart, den man für die Installation eines flachen Badebeckens mit Dusche verwendet hat.

Ganz links Die handgearbeitete Glasschale gleicht eher einem Kunstwerk als einem Handwaschbecken. Sie leitet das Wasser durch einen Glastrichter in das Abflussrohr – hier paart sich traditionelles, handwerkliches Können mit moderner Technologie.

Rechts Der Tisch mit Glasplatte und die Stehlampe im „Retro"-Stil beweisen, dass Einrichtungsgegenstände nicht unbedingt neu sein müssen, um modern zu sein. Heute lassen sich sogar viele Designer von Formen inspirieren, die vor 40 Jahren en vogue waren.

Oben Schnittige, längliche Chromgriffe an Schrankelementen betonen eine strenge Linienführung.

Details

Der moderne Wohnstil bezieht auch Details, Installationen und Armaturen des Haushalts mit ein, deren Verwandlung ohne große Mühe und mit wenig Geld zu realisieren ist. Lichtschalter und Steckdosenabdeckungen aus Metall, schlanke Türgriffe aus Chrom, bunte Schubladenknäufe aus Kunstharz – alle diese Dinge sorgen im Nu für einen modernen Touch. Smarte Details an schmalen, glatten Schranktüren oder an Einbauschränken ziehen die Blicke auf sich und wirken doppelt so teuer, wenn sie gut ausgewählt sind.

Die wichtigen Dinge des täglichen Gebrauchs, wie etwa Papierkörbe und Behälter für schmutzige Wäsche, können langweilig und unattraktiv aussehen, sie können ihrer Umgebung aber auch eine positive Note hinzufügen. Kunststoffe, die noch vor nicht allzu langer Zeit als billig, unangenehm und abstoßend verpönt waren, haben in letzter Zeit so etwas wie eine Renaissance erlebt. Durch neue Kunststofftechnologien wurde eine Version von Polypropylen entwickelt, die fein strukturiert und lichtdurchlässig ist und in brillanten Farben hergestellt werden kann. Die neuen Kunststoffbehälter mit ihren weichen Formen und leuchtenden Farben sind heute nicht mehr zweite Wahl. Auch Sperrholz hatte ein Come-back und wird heute für die Herstellung eleganter Wohnaccessoires verwendet, von Papierkörben bis zu Zeitschriftenständern. Das Gleiche gilt für Metallbehälter jeder Art, während für einfache, preiswerte Papierkörbe häufig Stahldrahtnetz verwendet wird.

Beleuchtung

Licht ist der Partner des Schattens. Es macht Strukturen sichtbar, beschreibt Volumen, umhüllt und definiert Raum. Natürliche Lichtquellen, wie Feuer, Sonnen- und Kerzenlicht, sind von Natur aus variabel, sie fluktuieren in Richtung, Leuchtkraft und Stärke, was wir als attraktiv empfinden. Die moderne Beleuchtung versucht, die Vitalität von natürlichem Licht nachzuahmen und sein Funkeln und seine lebendigen Effekte in das Innere des Hauses zu transportieren.

Allzu oft wird künstliche Beleuchtung ausschließlich als praktisches Mittel angesehen, das ausreichende Beleuchtung für die Arbeit oder am Abend, nach Einbruch der Dunkelheit, verfügbar macht. Eine Raumbeleuchtung, die aus einigen wenigen hellen Installationen an der Decke besteht, mag für diese Zwecke genügen, aber sie ist zugleich der sicherste Weg, dem Raum eine schlechte Atmosphäre zu verleihen. Egal, wie viel Arbeit und Kosten die Ausstattung eines Raumes verursacht hat, eine ungünstige Beleuchtung wirkt – was die Innenausstattung betrifft – wie eine kalte Dusche. Umgekehrt fühlt man sich bei guter Beleuchtung sofort positiv gestimmt, und selbst die prosaischste Umgebung bekommt einen magischen Touch.

Die Entscheidung, wie und wo man die Beleuchtung anbringt, ist wichtiger als der Stil oder die Art der Beleuchtung. Sobald man ein Konzept erarbeitet hat, kann man daran denken, einen Beleuchtungskörper auszuwählen. Doch man sollte sich nicht vom Aussehen der Lampe verführen lassen. Dies führt nicht zu einer Beleuchtung, die eine wirkungsvolle Atmosphäre schafft oder einen praktischen Zweck erfüllt.

Alle Räume oder Wohnbereiche erfordern verschiedene Arten von Lichtquellen: eine allgemeine Hintergrundbeleuchtung, konzentriertes Arbeitslicht oder stimmungsvolle und dekorative Akzentbeleuchtung. Meist werden die Räume zu stark be-

Unten **Die neue Begeisterung für Sperrholz hat dazu geführt, dass viele Accessoires heute wieder mit Birkenfurnier ausgestattet werden, von Papierkörben bis zu Obstschalen. Es eignet sich auch gut für Lampenschirme, da die Biegsamkeit und Lichtdurchlässigkeit des Materials einen stimmungsvollen Lichtschimmer erzeugen.**

Rechts Eine Niedervolt-Installation aus frei liegenden Drähten gilt als das ultimative Beleuchtungssystem. Straff gespannte Kabel leiten den Strom und dienen als tragende Konstruktion für kleine Niedervolt-Spots, die man an jeder Stelle des Kabelnetzes anbringen kann. Eine Wandleuchte, deren Licht nach oben gerichtet ist, verbreitet diskrete Hintergrundbeleuchtung.

leuchtet, obwohl sie nicht genug Lichtquellen aufweisen. Über den Daumen gepeilt, sollte man nicht weniger als fünf verschiedene Lichtquellen in einem durchschnittlich großen Raum installieren – wobei jede für sich nicht besonders hell sein muss, aber alle zusammen sollten sich überschneidende Licht- und Schatteninseln bilden, durch die Plastizität und Lebendigkeit entstehen.

Als Hintergrundbeleuchtung verwendet man Deckenfluter, wobei die Decke als Reflektor dient. Das Licht, das von der Decke zurückfließt, ist beruhigend und blendfrei. Ein ähnlicher Effekt lässt sich mit herkömmlichen Wandleuchten erreichen oder mit Wandleuchten, die nach oben gerichtet sind und den oberen Teil des Raumes in weiches Licht tauchen. Im Gegensatz dazu verteilen Hängelampen, die in der Mitte des Raumes angebracht sind, in alle Richtungen gleichmäßig helles Licht, was als ermüdend und störend empfunden wird.

Einzelne Tischlampen schaffen warme, individuelle Beleuchtungsinseln im Raum. Sie lassen sich so installieren, dass sie von einem Hauptschalter an der Tür zentral bedient werden können; mit einem Dimmer wird die Lichtstärke der jeweiligen Atmosphäre und Stimmung angepasst.

Konzentriertes Licht ist überall dort erforderlich, wo Arbeiten zu verrichten sind. Bei Arbeitslampen wie den klassischen Schwenkarmleuchten kann man den Lichtstrahl lenken. Deckenstrahler eignen sich gut für die Küche.

Bis vor kurzem verließ man sich bei der häuslichen Beleuchtung fast ausschließlich auf Glühbirnen sowie die hässlichen grünlich fluoreszierenden Leuchtröhren, die der Zweckmäßigkeit dienen sollten. Die Glühbirne als Lichtquelle für den häuslichen Bedarf hat viel für sich, denn ihr warmer, gelblicher Schein blendet nicht und lässt die Haut schön erscheinen. Heute stehen uns außerdem Halogenlampen zur Verfügung, die früher nur in Geschäften verwendet wurden. Halogenlampen sind klein, sodass auch die Fassungen klein und unauffällig gehalten werden können. Sie spenden helles, funkelndes Licht, das die Farben nicht verändert. In modernen Räumen, in denen Weiß und leuchtende Farben vorherrschen, können Halogenlampen gute Partner der Innenausstattung sein.

Die Beleuchtung gehört zu den lebendigsten und aufregendsten Gebieten des modernen Designs, und das Angebot an Lampen ist überwältigend – von winzigen in die Decke eingelassenen Leuchtkörpern, die wie Sterne funkeln, bis zu extravaganten und expressiv gestalteten Leuchten aus neuen Materialien. Die Designerlampen der letzten zehn Jahre, für die Prototypen wie die Tizio-Lampe von Richard Sapper mit ihren langen Schwenkarmen und Gelenken in mattem Schwarz Vorbild waren, wurden von überwiegend plastisch und verspielt gestalteten Exemplaren abgelöst. Beleuchtung als Software, nicht als Hardware betrachtet, konzentriert sich auf die Effekte, die man mit Schirmen erreichen kann – indem man aus Sperrholz, gewebter Seide, gepresstem Kunstharz oder fein geripptem Papier Spiralen, kegelförmige Gebilde und andere plastische Formen gestaltet. Sogar der kugelförmige Standardlampenschirm aus Papier ist in einer Vielfalt von organischen Formen wieder aufgetaucht.

Anleihen beim Industrie- und Ladendesign führten zu überdimensionalen Fotoscheinwerfern, zu Lampenschirmen aus Aluminium und Metallgarnen und einfachen Klemmspots. Bei großen, hohen Räumen müssen die elektrischen Leitungen nicht mehr unbedingt unter Putz verlegt werden, man kann einzelne Halogenspots an ein sichtbares, trapezartiges Kabelnetz hängen. Schienenleuchten haben sich von Spots, die an klobigen Schienen an der Decke befestigt waren, zu dezent gestalteten, eleganten Installationen gewandelt, die an schmalen, parallel verlaufenden Seilen befestigt werden.

Auch Tischlampen haben eine Wandlung hinter sich. Der britische Designer Michael Marriott bietet eine merkwürdig gewundene Lowtech-Losung an: einen Drahtständer, den man selbst montieren kann und dessen Glühbirne von einer Postkarte eigener Wahl abgeschirmt wird. Philippe Starck hat mit seiner unverwechselbaren Tischlampe *Miss Sissi*, die aus einem einzigen Stück verformtem Kunststoff besteht, der traditionellen Form einen modernen Touch gegeben. Mit Drahtschirmen ausgerüstete oder juwelenartig besetzte Leuchten, die nur sich selbst beleuchten – nicht die Umgebung –, fungieren als dekorative Akzente. Die niedrigen, mit der Architektur verbundenen, in die Fußleisten oder rechts und links von der Treppe eingelassenen Spots sorgen für unüberbietbare, bühnenreife Inszenierungen.

Oben Klemmlampen sind bewegliche und vielseitige Lichtquellen. Die mattierten Metallschirme passen gut zu den Metallregalen aus dem gewerblichen Sektor. Die lose herunterhängenden Kabel entsprechen einer schnörkellosen Ästhetik.

Links Dieser graziöse, witzige Lampenschirm aus Fellimitation auf hohen Drahtbeinen ist nicht ernst gemeint, sondern stellt eher ein respektloses Zitat in einem klassisch-kühlen Ambiente dar.

Ausgefallene Kissenbezüge

Diese einfachen Kissen entkräften die Meinung, dass moderne Innendekoration gleichbedeutend ist mit glatten Oberflächen und einem monochromen Farbkonzept: Sie zeichnen sich durch Bequemlichkeit, Farbe und interessante Strukturen aus. Man kann farbige Pullover, die nicht mehr passen, Wildlederreste und ausrangierte Schaffellteppiche wieder verwerten und für Kissenbezüge verwenden. Raffiamatten, Leder, Jute und ein Geflecht aus Gurtbändern sind ebenfalls geeignete Materialien.

Wenn Sie mit Wildleder arbeiten, üben Sie zuerst mit einem kleinen Rest, damit Sie sehen, wie sich das Material verarbeiten lässt. Wildleder ist zwar elastisch, aber trotzdem bleiben Nadelstiche sichtbar. Deshalb muss man die Stiche so setzen, dass sie auf der rechten Seite nicht zu sehen sind.

Material und Zubehör

- Handgestrickter Pullover • Schaffellreste • Wildlederreste • Nähmaschine und Nähfaden • Kissenfüllungen • Schere • Rasierklinge oder scharfes Künstlermesser • Lineal • Stecknadeln • Schneiderkreide

Arbeitsschritte

1 Kissenbezug aus Pullover: Die Ärmel mit der Schere abschneiden. Die linke Seite nach außen drehen, sodass rechts auf rechts liegt. Entlang der gerippten Unterkante des Pullovers beide Teile mit der Nähmaschine zusammennähen. In der Mitte eine Öffnung lassen, die groß genug ist, um die Kissenfüllung hineinzustecken. Am oberen Ende des Pullovers eine gerade Linie abstecken. Eine Nahtzugabe von 12 Millimetern stehen lassen und die überflüssigen Teile abschneiden. Das Gleiche gilt für die beiden Seitenkanten. Die Seitennähte und die obere Naht mit der Maschine nähen. Die rechte

Seite nach außen drehen. Die Kissenfüllung hineinstecken. Die Öffnung mit überwendlichen Stichen schließen.

2 Kissenbezug aus Schaffell: Auf der Rückseite des Fells mit Schneiderkreide zwei Quadrate in der Größe der Kissenfüllung markieren; rundherum 12 Millimeter für die Nähte zugeben. Das Fell mit dem Künstlermesser oder einer Rasierklinge schneiden. Beim Schneiden das Fell vom Körper wegziehen. Keine Schere benutzen, damit die Haare nicht beschädigt werden.

Die beiden Teile zusammenstecken. 12 Millimeter von den Kanten entfernt nähen. Die Ecken diagonal abschneiden, etwa 6 Millimeter von der Naht entfernt, damit die Ecken, wenn das Fell nach außen gedreht wird, nicht beuteln. Die rechte Seite nach außen drehen. Die Kissenfüllung hineinstecken. Die Öffnung mit überwendlichen Stichen zunähen.

3 Kissenbezug aus Wildleder: Das Leder in den gleichen Maßen wie das Kissen aus Schaffell zuschneiden. Die Linien leicht auf die weiche Seite des Leders zeichnen; fest auf das Lineal drücken, damit sich das Leder beim Markieren und Schneiden nicht dehnt. Die beiden Quadrate rechts auf rechts legen. Zusammenstecken und mit der Maschine 12 Millimeter von der Kante entfernt nähen. Öffnung für die Füllung lassen.

Um einen dekorativen, doppelten Saumstich machen zu können (siehe Foto), die Nahtzugaben auseinanderfalten und die Nahtzugabe auf jeder Seite mit sehr kleinem Saumstich annähen. Die Saumstiche sollten 6 Millimeter von der Naht entfernt verlaufen. Die Öffnung mit der Hand zunähen.

1

2

3

Eine neue Tischplatte

Der kleine, schwarz gestrichene, stark abgenutzte Tisch wurde in einen hübschen weißen Küchentisch verwandelt – als perfekte Ergänzung einer modernen Einrichtung. Auf eine Plexiglasplatte trägt man mehrere Farbanstriche auf. Dann befestigt man die Platte mit Hilfe von Metallecken auf der bestehenden Tischplatte.

Mit derselben Methode lassen sich kleine Nachttische und große, niedrige Couchtische verschönern. Man kann auch flache Objekte, wie Blätter, Ansichtskarten, Fotos oder farbiges Papier, zwischen die Tischplatte und eine unbemalte Plexiglasplatte legen. Am besten klebt man die Objekte auf die Tischplatte, damit sie nicht verrutschen, wenn man die Plexiglasplatte darüber legt.

Plexiglas bekommt man beim Fachhändler, der die Platte in den gewünschten Maßen zusägt. Von besonders guter Qualität ist eine Plexiglasplatte mit polierten Kanten: Die glattere Schnittfläche fühlt sich besser an, und die kleinen Kratzer, die durch das Sägen entstehen, verschwinden. Diese Vorteile haben jedoch ihren Preis.

Material und Werkzeug

• Plexiglasplatte • Weiße matte Dispersionsfarbe • Farbeimer • 10 cm breiter Malerpinsel oder Farbroller • Sandpapier • 4 Metallecken für die Tischplatte • Hammer • Stahlstifte

Arbeitsschritte

1 Die Dispersionsfarbe mit dem Pinsel oder dem Farbroller gleichmäßig auf eine Seite der Plexiglasplatte auftragen. Trocknen lassen.

2 Wenn der Tisch in besonders schlechtem Zustand ist, muss er mit Sandpapier abgeschliffen werden, um alte Farb- und Lackschichten zu entfernen. Ist die Farbschicht sehr dick, muss man sie vorher abbeizen. Die Tischplatte braucht nicht behandelt zu werden, da sie später von der bemalten Plexiglasscheibe verdeckt wird.

Zwei Anstriche mit der weißen Dispersionsfarbe auftragen (die Tischplatte muss nicht gestrichen werden). Nach jedem Anstrich trocknen lassen. Ist die Farbe vollständig getrocknet, die bemalte Plexiglasplatte mit der Farbschicht nach unten auf die Tischplatte legen, die Metallecken an die vier Ecken legen und jeweils mit Stahlstiften befestigen.

STAURAUM & STELLFLÄCHEN

STAURAUM & STELLFLÄCHEN

Heutige Modernisten wetteifern miteinander, wenn es um die diskrete Zurschaustellung geht, die dazu dienen soll, die kantigen, klaren Formen des modernen Designs abzuschwächen. Zur Schau stellen im modernen Sinn des Wortes ist das Gegenteil von unaufgeräumten, mit Nippes vollgestellten Regalen. Es handelt sich vielmehr um einen auf den Punkt gebrachten Stil, um die Präsentation von einfachen Objekten, die eine spektakuläre Wirkung haben – ob durch ihre Größe, Farbe oder ihre Form. Gleichzeitig bietet dies die Möglichkeit, die eigene Persönlichkeit in die Wohnraumgestaltung mit einzubringen.

In einem modernen Ausstattungskonzept, bei dem Wände und Fenster, Fußböden und Einrichtungsgegenstände wie von selbst zu einer harmonischen Einheit verschmelzen, ziehen ausgestellte Objekte die Blicke auf sich. In modern gestalteten Räumen besteht manchmal die Gefahr, dass sie zu gewollt wirken. Häufig sind es die zur Schau gestellten Details, die für die so dringend notwendige, verbindliche Note und für Individualität sorgen. Das kann eine überdimensionale Vase mit langen Zweigen sein, eine einfache Glasvase mit bizarren Blüten oder dichtem, grünem Laub, ein auffallendes Gemälde oder ein ausdrucksvoll gestaltetes Objekt – immer sind es diese persönlichen Statements, die den Räumen Esprit und Farbe verleihen.

Da klare Linien und eine ruhige Atmosphäre Schlüsselelemente moderner Dekoration sind, sollten die Objekte, die Sie dafür wählen, als ausdrucksvoller Kontrapunkt des Raumes ihre eigene Wirkung entfalten. In einem spärlich ausgestatteten Raum können die Möbel selbst zu wertvollen Schauobjekten werden. Ein Sofa in einer brillanten Farbe, mit Kissen, die mit noppiger Wolle, texturiertem Samt oder einer auffälligen Fellimitation bezogen sind, stellt einen eigenständigen Blickfang dar, und ein gut beleuchtetes Keramikservice

auf einem einfachen Sideboard ist vor einer weißen Wand ein wunderbarer Anblick. Vorausgesetzt, sie wurden mit Sorgfalt ausgewählt, werden Dinge des täglichen Gebrauchs, wie Schalen, Teekannen, Flaschen oder Körbe, in einem zurückhaltend ausgestatteten Raum jeder Prüfung standhalten. Schlichtheit bedeutet häufig auch Klarheit.

Mischung aus Alt und Neu

Die interessantesten modernen Interieurs entstanden paradoxerweise häufig in alten Gebäuden, die ihrer inneren Unterteilungen beraubt und den neuen Bedürfnissen angepasst wurden. Wer sich für Lofts, Lagerhäuser und andere Industriebauten entschieden hat, ist entschlossen, mit der Vergangenheit zu leben, ohne einen altmodischen, nostalgischen Lebensstil anzunehmen. Heutzutage entsprechen Wohnräume den zentralen Anliegen des modernen Lebensstils: Einfachheit und Komfort. Funktionelle Bereiche für das Kochen und Essen, Arbeiten und Entspannen verschmelzen und existieren problemlos nebeneinander. Wohnräume sind heutzutage multifunktionale Räume und nicht mehr die traditionellen Gesellschaftsräume von damals. Daher kann ein Raum, der vollgestellt ist mit Artefakten aus vergangenen Zeiten oder aufwendig gestalteten, zweckbestimmten antiken Möbelstücken, heute, im Zeitalter der Praktikabilität und der Wirtschaftlichkeit, völlig ungeeignet und bedeutungslos sein. Doch einen schönen, alten Schrank, in dem die unterschiedlichsten Dinge, wie Videokassetten, CDs und Computermonitore, untergebracht sind, kann man ohne weiteres mit einem Glasregal oder einer postmodernen Skulptur konfrontieren. Auch eine schöne Vase aus den 30er Jahren mit weißen Lilien ist beides, retrospektiv und modern. Eine Mischung aus Alt und Neu kann ausgesprochen modern wirken und bietet zudem praktische Lösungen für Ausstattungsprobleme.

Oben Ein völlig überdrehter Mix aus Design-Klassikern und Objekten, die nichts gemein haben, ist die dekorative Staffage dieses Raumes mit kahlen Wänden und dunklen Fußbodendielen, der Teil eines umgebauten Industriegebäudes ist.

Links Ein großformatiges, abstraktes Gemälde an der Wand über dem Sofa in neutraler Farbe sorgt für einen auflockernden Effekt. Der niedrige Tisch ist eine Kreation aus einer starken Schieferplatte auf einer hellen Holzplatte, die auf Rollen aus dem Industriebereich montiert wurde – eine ebenso elegante wie funktionelle Lösung.

Reduzieren

In mancher Hinsicht steht bei der offenen Präsentation heute mehr die Frage, was man wegräumen als was man betonen oder zum Blickpunkt machen sollte, im Vordergrund. Wem an einer ausdrucksstarken, nicht überladenen Präsentation gelegen ist, sollte damit beginnen, sich von unwichtigen Dingen zu trennen – nur so lässt sich ein großzügiges lichtes Ambiente mit vielseitigen Funktionen erreichen.

Am besten beginnt man mit dem Kaminsims – falls einer vorhanden ist. Dort kann man die Handschrift der Bewohner am besten erkennen, egal, ob es sich um Fotos auf körnigem Papier, sorgfältig ausgesuchte Keramikobjekte oder eine besonders ausdrucksvolle Vase handelt. Entfernen Sie alle dekorativen Objekte, sodass die Fläche leer ist und Sie ganz von vorn anfangen können. Dann überprüfen Sie jedes einzelne Objekt in Bezug auf seinen Aussagewert. Fügt es dem Raum Farbe, Struktur oder Atmosphäre hinzu? Wenn Ihnen ein Foto

Oben Der Kamin wurde seiner dekorativen und praktischen Elemente beraubt und mit Hilfe von Farbe zu einem dezenten, architektonischen Akzent und als Rahmen für Präsentationen neu interpretiert. Nur die Holzdielen, die man bis zur Kaminrückwand verlängert hat, sorgen für Kontinuität.

viel bedeutet und es positive Empfindungen hervorruft, aber in einem vergoldeten Rahmen steckt, der eher in ein Landhausambiente passt, wechseln Sie den Rahmen oder legen Sie das Foto zwischen zwei Plexiglasplatten. Sie entfernen dadurch zwar die Verzierungen, aber sind noch immer von den Ihnen wichtigen Dingen umgeben – ohne Schnörkel, einfach und ein wenig sentimental.

Unterziehen Sie auch die Regale und Geschirrschränke, Beistelltische und Wände einer kritischen Prüfung. Gibt es dort zu viele Bilder und Gegenstände, die miteinander um Aufmerksamkeit konkurrieren, sodass man keines so richtig wahrnehmen kann, wenn man den Raum betritt? Verbannen Sie alle Objekte, die Ihnen keinen Spaß mehr machen oder deren Sie ein wenig müde geworden sind, auf den Dachboden oder bringen Sie sie zum Trödelmarkt. Oder bewahren Sie sie eine Weile in einem Schrank oder einem Schuppen auf, um sich zu einem späteren Zeitpunkt wieder an ihnen zu erfreuen.

Verstauen

Auch wenn man Gegenstände aussortiert und den Haushalt reduziert hat, bleiben unweigerlich viele Dinge übrig, die irgendwo verstaut werden müssen. Dekorative Kartons, Regale oder Glasborde bieten nützlichen Stauraum und stellen zugleich einen Blickfang dar. Überflüssige Utensilien zu verstauen setzt in der Tat eine gewisse Ordnungsliebe voraus. Doch sie stellt sich einfacher ein, wenn man genügend Möglichkeiten hat, ärgerliche Papierreste, angeknabbertes Spielzeug und sich ständig vermehrende Plastiktüten schnell wegzuräumen.

Man kann nie genug Anbauschränke, frei stehende Schränke oder sonstige Möbelstücke, die genügend unsichtbaren Stauraum bieten, besitzen. Große Behälter auf Rollen, überdimensionale Körbe und geräumige Schränke oder Regalsysteme in jedem Zimmer helfen, den Eindruck von Weiträumigkeit zu erhalten und klare Linien zu schaffen.

Oben Die markante, elegante Form der schmalen, raumhohen Schränke wird unterstrichen durch den Maschendraht, die winzigen Metallschlösser an den Türen und die gleichförmigen Pappkartons. Die Kartons sind nummeriert und beherbergen ein Sammelsurium von Dingen.

Links Diese schlichte Dekoration aus einer überdimensionalen Samenkapsel und einem abstrakten Gemälde, das an die Wand gelehnt ist, setzt graphische Akzente zwischen dem Bord aus rauem Schiefer, den blanken Holzdielen und den braunen, samtbezogenen Sesseln.

Rechts Die Schiebetüren aus geripptem Kunststoff zeigen den Inhalt des Schrankes nur schemenhaft. Kleine Plexiglasknäufe in Höhe der Bretter betonen die gefällige, symmetrische Form des Schrankes.

Ganz rechts Ein unauffälliger, verputzter Raumteiler wurde um einen Stahlträger herum konstruiert. Er dient auf der einen Seite als Wand für eine Kleiderstange, während er auf der anderen Seite den Hintergrund für Schubladenelemente aus Sperrholz bildet. In diesem umgebauten Loft gibt es keinen Unterschied zwischen Aufbewahrung und offener Präsentation.

Unten Der Raum unter dieser maßgefertigten Treppe wird vollständig genutzt. Die Einbauten bestehen aus verschieden großen Schubladen, in denen man alles unterbringen kann, von Konservendosen bis zu Schuhen.

Regale, Schubladen und Schränke

Nischen eignen sich gut, um Dinge zu verstauen oder zu präsentieren. Wenn man an den Vorderkanten der Regalbretter Leisten aus Sperrholz, Spanplatten oder Hartholz anbringt und sie in der gleichen Farbe wie die Wand streicht, verschmelzen die Borde optisch mit der Wand. Gleichzeitig dient das Regal als ausdrucksvoller Rahmen für die Dinge, die man dort aufstellt – eine interessante Kollektion gewichtiger Bücher, einige besonders schöne Keramikschalen oder ein Arrangement aus Blumen, einem Objekt und ein paar kleinen Fotos. Für Minimalisten sind Glasborde zu empfehlen. Sie werden von dünnen Metallkonsolen gehalten, die an der Wand befestigt werden. Man kann auch „unsichtbare" Halterungen aus

Plexiglas verwenden. Eine weitere Möglichkeit ist, die Borde mit Spanndraht aufzuhängen, der an der Wand oder an der Decke befestigt wird. Derartig elegante Konstruktionen erfordern Objekte mit ästhetischem Anspruch. Kleine Halogendeckenstrahler setzen die Objekte ins rechte Licht. Kurvierte Wandregale kann man aus gebogenem Stahlblech oder verformtem Sperrholz kreieren und an der Wand anbringen.

Schubladen stellen eine wichtige Stauraummöglichkeit in modernen Interieurs dar. Sie können nahtlos in die Struktur eines Raumes integriert werden: in Nischen, unter Treppen oder einzelnen Stufen. Die Idee eines niedrigen Podestes, das gleichzeitig zum Sitzen genutzt werden kann, ist vielseitig: Unter einem Sitz befinden sich tiefe Holzschubladen, die Stauraum bieten.

Die an der Wand angebrachten Hängeschränke und Regale können ebenfalls moderne Ausstellungsstücke sein. Stellen Sie sie selbst her oder verkleiden Sie sie mit interessanten Materialien, zum Beispiel mit Zinkblech, das mit galvanisierten Nägeln beschlagen ist, mit verglasten Türen und farbigen Glasknäufen oder abwechselnd mit schmalen Streifen aus fein geripptem Kunststoff und Sperrholz oder Buche. Schranktüren kann man gelegentlich offen lassen, damit der Inhalt sichtbar wird. Schränke mit verspiegelten Türen gegenüber einer farbigen Wand oder einem dynamischen Gemälde wirken raumvergrößernd und werfen Farben und Formen in den Raum zurück.

In der Küche hat sich die Industrieästhetik – schon lange ein Lieblingskind der Architekten – nun auch bei den Benutzern durchgesetzt, und Haushaltsgeräte, Küchenutensilien, Arbeitsplatten und Schränke aus rostfreiem Chromstahl werden zunehmend beliebter. Offene Regalsysteme aus Metall sind einfache, funktionale Elemente. Man verwendet sie als Stauraum, der gleichzeitig dekorative Wirkung hat: Hier kann man dekorative Sammlungen präsentieren, wie weißes Porzellan, Küchenutensilien aus rostfreiem Stahl und Gläser mit farbenprächtigen Gewürzen.

Die Aufbewahrung von Kleidung ist schon so lange frei stehenden Schränken in traditionellen Stilen vorbehalten, dass Alternativen dazu durchaus angebracht sind. Moderne Schränke besitzen klare Formen, sind anbaufähig und überaus praktisch. Falttüren aus Spanplatten oder Sperrholz aus Buche oder Birke sind einfach an Scharnieren befestigt und öffnen sich, wenn man ihnen einen sanften Stoß gibt; die Türbeschläge sind schlicht und von zurückhaltender Eleganz. Zur Wahl stehen auch frei stehende Kleiderschränke für Räume mit offenem Grundriss. Hohe Rollwagen aus Lagerhäusern kann man mit Regalbrettern ausstatten und zur Aufbewahrung von Schachteln für Pullover und Unterwäsche verwenden. Kleiderstangen sind äußerst praktisch, und gewöhnliche Kleiderschränke kann man verändern, indem man Glastüren einsetzt und Rollen anbringt.

Das Sideboard ist dem ehemaligen Speisezimmer entkommen und taucht nun, neu interpretiert, im Wohnraum, in der Küche und im Schlafraum wieder auf. Es handelt sich noch immer um Behälterelemente auf Beinen oder Rollen, aber die neuen Versionen reichen von streng wirkenden rechteckigen bis zu geschwungenen Formen aus Sperrholz, für die auch gelegentlich Formica, Aluminium und Birkensperrholz verwendet werden.

Oben Teekisten wurden durch Holzklötze voneinander getrennt, mit Gepäckriemen zusammengeschnürt und auf der Vorderseite mit Zinnblech verkleidet. Eine exzentrische, aber durch und durch ökonomische Art und Weise, eine moderne Kommode zu konstruieren.

Links Der Aluminiumkoffer auf Rollen im Wohnbereich eines ausgebauten Lofts ist ein blanker, mobiler Augenschmaus.

Mobiler Stauraum

Möbel auf Rollen sind die zeitgemäße Antwort der modernen Innenausstattung auf die rohen Kiefernholzmöbel der 70er Jahre. Kein ernsthafter Anhänger des modernen Wohnstils würde ohne sie auskommen wollen. Rollen werden an Möbelstücken, Stereo- und Fernsehanlagen, Stellschirmen oder einfachen Behältermöbeln angebracht und ermöglichen dadurch in Wohnräumen eine freiere Gestaltung: Die Einrichtung kann jederzeit verändert werden, und Behältermöbel lassen sich je nach Bedarf im ganzen Raum bewegen.

Ob in der Küche, im Badezimmer oder im Schlafzimmer – in Behältern auf Rollen lässt sich alles unterbringen: Man kann Schuhe und Zeitungen wegräumen und den Behälter diskret hinter eine Stellwand rollen. Im Badezimmer kann man die Behältermöbel zum Aufstellen von Toilettenartikeln benutzen und dekorative Flaschen oder Metallkästchen darauf platzieren. Ein Servierwagen aus Metall kann sogar eine farbenfrohe Handtuchkollektion präsentieren. Eine Spielzeugkiste aus Sperrholz mit Kordelgriffen, Rollen und Bremsen ist ein wahrer Segen – sie rückt sofortige Aufräumaktionen in den Bereich der Möglichkeiten.

Auch Betten können von einer Garnitur Rollen profitieren. Einige minimalistische Architekten sollen sogar aussortierte Krankenhausbetten als Basis für ihr Schlafzimmerkonzept verwendet haben. Feinfühligere Verwendungsmöglichkeiten finden vermutlich mehr Zustimmung – aber schließlich lässt sich ein Bett auf Rollen leicht bewegen, wenn man putzt oder schnell an Dinge herankommen möchte, die unter dem Bett verstaut sind.

Wiederverwertung von Materialien

Viele Gebrauchsgegenstände aus Ladengeschäften, Schulen, Küchen und Büros, klassisch oder modern, lassen sich gut in moderne Einrichtungs-

konzepte integrieren. Den bescheidenen Ablageschrank aus Metall haben sich viele von uns wegen seines glatten, farbigen Funktionalismus angeeignet. Mit Silberspray oder einer lebhaften Farbe aufgepeppt, lässt er sich als Beistelltisch, als Stauraum unter dem Tisch oder unter dem Fenster verwenden, wo man auch mehrere Exemplare nebeneinander zu einer Bank arrangieren kann.

Schulen haben Kleiderspinde und Schuhschränke aus Metalldrahtnetz ausrangiert, die man in jeder beliebigen Breite in der Nische eines Kinder- oder Teenagerzimmers unterbringen oder zu einem schicken Kleiderschrank, der eine ganze Wand einnimmt, umfunktionieren kann. Lange, schmale Refektoriumstische aus einem College, mit tiefen Schubladen, die viel Platz bieten, sind mit ihren warmen Holztönen und ihrer Patina ein raffinierter Gegensatz zu supermodernen Esszimmerstühlen.

Mit Einrichtungsgegenständen aus Ladengeschäften – wie Schubladen mit verglaster Vorderfront oder Vitrinen – wird das Verstauen oder das Präsentieren von Dingen zum Vergnügen.

Oben Abfallholz wurde zu einem Ablageschrank verarbeitet, der die Wirkung der ultramodernen Tischplatte und des Stuhles konterkariert. Schubladen mit dezenten Griffen enthalten ein gut organisiertes Ablagesystem.

Mit Massstäben spielen

Es ist ein wichtiges Anliegen der modernen Inneneinrichtung, ein Gefühl von Weite herzustellen; das kann man durch Farben, Materialien und Dekorationen erreichen. Doch selbst ein ganz in Weiß gehaltenes Interieur, akzentuiert mit Möbeln und Einrichtungsgegenständen aus hellen Hölzern, kann einen klaustrophobischen Effekt hervorrufen, wenn man allzu viele Andenken und Fototrophäen im Raum verteilt.

Viele moderne Ausstattungskonzepte erzielen ihre Wirkung durch einen symmetrischen Aufbau, und deshalb ist es erfrischend, dieses Muster von Zeit zu Zeit zu durchbrechen. Hängen Sie im Schlaf- oder im Wohnraum ein Bild dicht über eine Ecke des Bettes oder des Sofas. Es wird die Aufmerksamkeit auf sich ziehen und den Blickwinkel auf angenehme Art verschieben. Wenn ein kleiner Raum größer erscheinen soll, stellen Sie einige überdimensionale Objekte so auf, dass genau dieser Eindruck entsteht. Eine große antike Steinvase mit langen Zweigen neben einem extravaganten Sofa ist einfach, schick und erfordert wenig Platz. Weshalb sollte man eine kleine Wand mit Miniaturdrucken voll hängen, wenn man mit einem großen Gemälde eine dramatische Inszenierung erzielen kann und zudem ein interessanter Kontrast der Maßstäbe entsteht?

Minimalistische Präsentation

Das Gegenteil von voll gehängten Wänden und üppig dekorierten Borden ist nirgends deutlicher ausgeprägt als in Japan, und es ist bekannt, dass japanische Interieurs noch immer einen großen Einfluss auf viele moderne Innenausstatter der westlichen Welt ausüben. Japanische Interieurs, die – abgesehen von ein oder zwei sehr bewusst platzierten Objekten – häufig kompromisslos kahl sind, kann man fast als präsentationsfeindlich bezeichnen. Doch diese streng minimalistische Art, Objekte zu präsentieren, kann eine starke Wirkung haben. Experimentieren Sie ein wenig – ob mit Blumen oder Kunst, mit Wandbehängen oder Objekten –, und setzen Sie mit einem grandiosen Einzelstück einen Akzent. Ein solches rein dekoratives Element lässt sich natürlich leicht gegen ein anderes austauschen, ganz in der japanischen Tradition, nach der Dekorationsstücke von Zeit zu Zeit ausgewechselt werden und so ihre Wirkung immer wieder erneuert wird. Diese Auffassung von Dekoration lässt es zu, dass die strukturellen Elemente des Raumes – Wände, Fußboden und Decke – sowie natürliches Licht stärker in das Dekorationskonzept einbezogen werden können.

Links Eine große, helle Leinwand, dünne Bodenkissen, ein Tisch aus hauchdünnen Platten vor transparenten Schiebetüren, die wie Wandschirme aussehen, und eine große Vase mit bizarren Zweigen ist alles, was dieser stille, lichte Raum an ausgefallenem Dekor benötigt.

Ganz links Diese graphisch wirkende Wanddekoration ist in Wirklichkeit ein Arrangement aus Miniaturhängeschränken.

Rechts Kitsch und Pink scheinen wie füreinander geschaffen, aber der totale Overkill wurde gerade noch vermieden durch die Tischplatte aus Rauchglas und das schlichte schwarzweiße Schachbrettmuster der Bodenfliesen. Das Türkis der Stühle und der Vase spiegelt die Farbe des altmodischen Küchenschrankes wider.

Unten Die abwechslungsreiche Sammlung von Keramikobjekten aus den 50er Jahren auf den schwarz lackierten Borden sorgt für lebhafte, dekorative Akzente. Das Design dieser Epoche, das auf Stoffen, Keramik und Wohnzubehör zum Ausdruck kommt, ist von erfrischender Modernität in Form und Farbe und verleiht der modernen Ausstattung einen eigenwilligen Charakter.

Ein Schuss Humor

In den 60er Jahren, als die Popkultur die Innendekoration – ebenso wie die Musik, die Mode und die graphischen Künste – überflutete, stand Kitsch hoch im Kurs. Grelle Lampen aus Lavagestein, aufblasbare Möbel in Primärfarben und konfuse Stoffmuster waren das Muss jener Tage. Einige der weniger lächerlichen Stilelemete von damals haben ein Come-back erlebt, so zum Beispiel frische Farbzusammenstellungen wie schokoladenbraun und creme oder orange und limettengrün. Inzwischen erzielen Lavalampen und Keramikobjekte aus den 60er Jahren beachtliche Preise auf Auktionen, und die Vasen, Schalen und Objekte aus farbigem Glas, die einst das Prunkstück eines jeden Apartments waren, sind zu viel beneideten Besitztümern geworden. Wenn man es nicht übertreibt, sorgt eine Prise Kitsch für einen humorvollen Touch und ruft ein diskretes zustimmendes Nicken zum modernisierenden Einfluss der Popära hervor.

Ethnische Kunst

Ethnische Objekte findet man häufig in betont modernen Ausstattungen. Sie signalisieren Geschichtsbewusstsein, Sinn für Tradition sowie Respekt für die Vergangenheit und die Ästhetik handgearbeiteter Dinge, die sich angenehm von den neueren Architektur- und Dekorationsformen abheben.

Naive Holzschnitte in Brauntönen und afrikanische Schnitzereien sorgen für internationales Flair in zeitgenössischen Wohnungen. Sie stellen das Alte dem Neuen gegenüber und das „primitive" Objekt dem Industrieprodukt. Auch Textilien aus dem Bereich der Volkskunst findet man häufig in modernen Raumausstattungen. Auffällige geometrische Motive und noppige Streifen neben einfarbigen Flächen heben sich gut von monochrom weißen Dekorationskonzepten ab. Wandbehänge aus gewebter Wolle, gewirkten Stoffen oder Materialien mit naiven Applikationen bilden weiche Kontraste zu den harten Materialien, die charakteristisch sind für das moderne Design. Auch Objekte aus Holz und Metall, grob geformte Tonwaren oder Objekte ergänzen die glatten, schnittigen Linien moderner Räume.

Oben Die afrikanischen Kürbisse mit eingekerbtem Muster, der Webkorb und die Maske vor dem Hintergrund aus violetten Federn gehören zur Kultur von Naturvölkern.

Links Dieses gewundene Wandregal wurde auf Anhieb zum Design-Klassiker; sein Fassungsvermögen und die Art der Präsentation, zusammen mit dem witzigen Charakter der Installation überzeugen sofort. Das Wandregal und das moderne, limettengrüne Sofa ziehen das Interesse auf sich und setzen einen starken dekorativen Akzent.

Rechts Einfache geweißelte Wände und eine Kamineinfassung bilden den Hintergrund für diese eigenwillige Skulptur, die von einem großen Kieselstein und einer einzelnen Tulpe begleitet wird – ein Versuch, mit kontrastierenden Strukturen und Materialien einen Blickpunkt zu schaffen.

Handgearbeitete Originale

Der Anblick handgearbeiteter Objekte in einem modernen Interieur mag überraschend sein, ist aber dennoch von Aufsehen erregender Wirkung. Handgearbeitete Unikate von Möbeln, Keramikobjekten oder Kunstwerken verwässern die Disziplin modernistischer Prinzipien. Die Atmosphäre wird durch die Handschrift des Künstlers oder Handwerkers angenehm aufgelockert.

Moderne Handwerker experimentieren mit vielerlei Materialien, wie etwa Beton, verformten Kunststofffasern und Metall, und kreieren die Klassiker von morgen. Wie die *Arts-and-Crafts*-Bewegung Mitte des 19. Jahrhunderts aus der Frustration über die Hässlichkeit der industriegefertigten Massenprodukte entstand, so werden heutzutage moderne Handwerker von führenden Architekten und Designern gefördert, um modernen Wohnungen eine individuelle und persönliche Note zu geben.

Dekorative Naturprodukte

Mit echten Blumen und Grünpflanzen üppig gefüllte Behältnisse sind angenehme Zugaben moderner Interieurs. Einfache Glas- oder schlichte Keramikvasen eignen sich am besten dafür. Füllen Sie sie mit bizarren Weidenzweigen, Strelitzien, weißen Levkojen oder leuchtenden Gerbera. Diese dekorativen Pflanzen der modernen Innenausstattung sind die Schusterpalmen der viktorianischen Zeit. Strukturreiche Blumenarrangements in leuchtenden Farben bringen Schwung in jedes Interieur. Ein großzügiges Arrangement aus graugrünem Eukalyptus, gelben Forsythien und hochgewachsenem, saphirblauem Rittersporn sorgt für effektvolle Farbkontraste. In einem monochrom weißen Interieur kann eine Zusammenstellung aus gelben, roten oder orangefarbenen Blüten die entsprechenden farbigen Details von Kissenmustern, Teppichen und Vorhängen unterstreichen oder Farbdetails eines Gemäldes oder anderen Kunstwerks betonen.

Ganz alltägliche Gefäße eignen sich gut als Behälter für die bizarren Blüten und Pflanzen, die moderne Innenausstatter gern einsetzen. Galvanisierte Kübel, leere Milchflaschen oder unprätentiöse Laborgefäße – sie alle kann man als Behälter verwenden. Doch auch industriell gefertigte Küchenaccessoires haben sich moderne Innenausstatter zunutze gemacht. Frucht- und Eierkörbe aus Draht sowie Stahltabletts und -schatullen sind geeignete Behältnisse für Sammlungen, ob es sich um Postkarten oder Kiefernzapfen handelt.

Zweige oder Treibholz, Klumpen aus Lavagestein, bunte Kiesel oder Gipsabgüsse auf weißen Flächen – alle diese Dinge tragen dazu bei, dass raffiniert strukturierte Räume wirklichkeitsnah und unkompliziert wirken. Viele Architekten integrieren ein natürliches Element in ihr detailliert geplantes, modernes Interieur: Schlanke Baumstämme werden als Säulen in einen Raum integriert oder helle Holzbalken werden über einer Tür eingelassen.

Links Kieselsteine mit Streifenmustern und unterschiedlichen Texturen in einer einfachen Schale bringen ein Element aus der Natur auf ein schmuckloses Fensterbrett. Die Fensterverglasung und die Keramikglasur sind mit schlichten blauen Dekors versehen.

Oben Schlichte Vasen, die an Reagenzgläser erinnern, sind perfekte Gefäße für einzelne Gerberablüten in glühendem Rot. Mit ihrer ausdrucksvollen Form und ihrer leuchtenden Farbe wirken diese Blumen überaus modern.

Stimmungsvolle Dekorationen

Duft ist ein fester Bestandteil unserer häuslichen Umgebung. Er ist ein wichtiges sinnliches Mittel, mit dem sich Stille und Atmosphäre herstellen lässt. Den Duft frischer Blüten kann man ergänzen durch Kerzen, die nach Eukalyptus, Sandelholz oder Zitrone duften, durch frische Kräuter in Tontöpfen, durch Duftpotpourris und Weihrauch. In der Küche oder im Badezimmer sollte man Seife mit dem aromatischen Duft von Zitrusfrüchten oder Ähnlichem verwenden. Wer Duft und flackerndes Kerzenlicht kombinieren möchte, füllt tiefe Glasschalen mit Wasser und lässt Duftkerzen darauf schwimmen – das flackernde Licht und der Duft beruhigen die Sinne und wirken gleichzeitig anregend. Als angenehmer Kontrast zu den klaren, strengen Linien moderner Ausstattungen stehen Kerzen bei vielen von uns besonders hoch im Kurs. Für große Räume sind vor allem die überdimensionalen architektonisch gestalteten Kerzen mit mehreren Dochten sehr en vogue. Sie spenden nicht nur Licht, sie fungieren gleichzeitig als Wärmequellen, dekorative Objekte und dienen der Revitalisierung der Sinne. Eine größere Anzahl von Kerzen – ein kleines, hitzebeständiges Tablett mit mehreren Teelichtern – hat einen besonderen Reiz. Eine etwas schlichtere Dekoration sind buttergelbe Kerzen in verschiedener Größe und Stärke auf dem Kaminsims.

Oben **Farbige Duftkerzen, die in einer mit Wasser gefüllten Schale aus fein geripptem Glas schwimmen, und Teelichter, die am Rand einer runden Tischplatte arrangiert sind, erzeugen einen ruhigen, durchbrochenen Lichtschimmer, der auf den Glasflächen tanzt und die kühl-nüchterne Ästhetik des Mobiliars aufzulösen scheint.**

Wanddekorationen

Moderne Bilderrahmen sind im Allgemeinen sehr dezent gestaltet: schlicht und schmal, aus bemaltem oder unbemaltem Holz; oder sie bestehen aus Glas- oder Plexiglasscheiben, die von Metallklammern zusammengehalten werden. Manchmal wird sogar ein leerer Rahmen an die Wand gehängt – als unmissverständlich minimalistisches Statement. Wem das zu weit geht, der hat andere Möglichkeiten. Bleistift- oder Tuschezeichnungen sowie abstrakte Graphiken und Gemälde in intensiven Farben passen besonders gut in ein modernes Ambiente. Der Trick, Bilder einfach auf den Boden zu stellen und an die Wand zu lehnen, wie es Donna Karan in ihrem amerikanischen Heim vorgemacht hat, hat sich in den schicksten Interieurs eingebürgert. Einige abgenutzte Spiegel oder Bilder in vergoldeten Rahmen werden einfach an die Wand oder an die Sockelleiste gelehnt.

Funktionalität und Flexibilität sind wichtige Kriterien bei der Gestaltung moderner Innenausstattungen. Eine Möglichkeit, Ihre Lieblingsbilder so zu präsentieren, dass sie zur Geltung kommen oder ausgetauscht werden können, ist ein schwarzes Brett in der Diele oder in der Küche. Gehen Sie ganz locker damit um. Verwenden Sie Ansichtskarten, Stoffmuster oder fotokopierte Abbildungen, um die Regeln des modernen Stils herunterzuspielen, und machen Sie das Beste aus Ihren Ideen, Einkaufslisten, Ankündigungen, Zeichnungen und so weiter. Eine besonders ausgefallene Alternative ist eine große Fläche aus rostfreiem Stahlblech, auf der die diversen Abbildungen mit runden, schwarzen Magneten befestigt werden. Sie können auch eine Sperrholztafel, die die halbe Wand einnimmt, mit schwarzer Farbe bemalen. Eine weiße Kunststoffplatte und farbige Marker, wie man sie aus der Schulzeit kennt, passen ebenfalls gut in einen weißen Raum.

Laminierte Fensterdekorationen

Eine Möglichkeit, lieb gewordene Abbildungen zu konservieren und zu präsentieren, ist das Laminieren – das Überziehen mit Laminat –, das von einem Fachmann ausgeführt wird. So kann man die Abbildungen, unbehelligt von einem unpassenden Rahmen, genießen.

In diesem Beispiel wurden vier ungerahmte Farbdias, die Blüten und Blätter zeigen, ausgewählt und für ein Fenster zusammengestellt. Das Licht erhellt die Abbildungen und macht das Arrangement zu einem Blickfang, dessen Farben ihre Wirkung besonders gut entfalten können, wenn die Sonne durch das Fenster scheint.

Es gibt noch andere Möglichkeiten für eine rahmenlose Präsentation: Über die Abbildungen wird Kunststofffolie gelegt, mit Ösen befestigt und mit Spanndraht aufgehängt. Eine etwas konventionellere Methode ist das Aufziehen von Fotos oder Postern auf Karton. Man kann sie zusätzlich laminieren oder sie so belassen, wie sie sind.

Material und Zubehör

• Farbdias, Fotos oder Ansichtskarten • Schneideunterlage • Stahllineal • Künstlermesser • Papier • Kleiner Klips • Transparenter Saugnapf mit Haken

Arbeitsschritte

Auf einer schnittfesten Schneideunterlage und mit Hilfe eines Stahllineals die Bilder mit einem scharfen Künstlermesser zurechtschneiden und in Form eines Quadrats, eines Rechtecks oder einer Raute anordnen. Ein knapper Ausschnitt bringt das abgebildete Sujet besonders gut zur Geltung. Bei Fotos sollte man den schmalen weißen Rand nicht entfernen, da sie durch ihn deutlich hervortreten und lebendiger wirken.

Die Positionen der Abbildungen auf einem Blatt Papier zur Orientierung für den Fachmann markieren. Das Laminat sollte einen gleich großen Rand bilden, der über die Ränder der Abbildungen hinausgehen muss, damit nirgends eine dunkle Stelle entstehen kann, wenn das Laminat am Fenster hängt.

Es gibt mehrere Möglichkeiten, das Laminat zu befestigen. Hier wurde es mit einem kleinen Klips an einen transparenten Saugnapf gehängt, der fest am Glas klebt. Man kann auch farbigen Bindfaden oder Draht durch Ösen im Laminat ziehen und die Abbildungen an einen Haken hängen, den man in den Fensterrahmen schraubt (man bekommt Garnituren mit allen Zutaten in Bastelgeschäften).

Lampenschirm aus Furnier

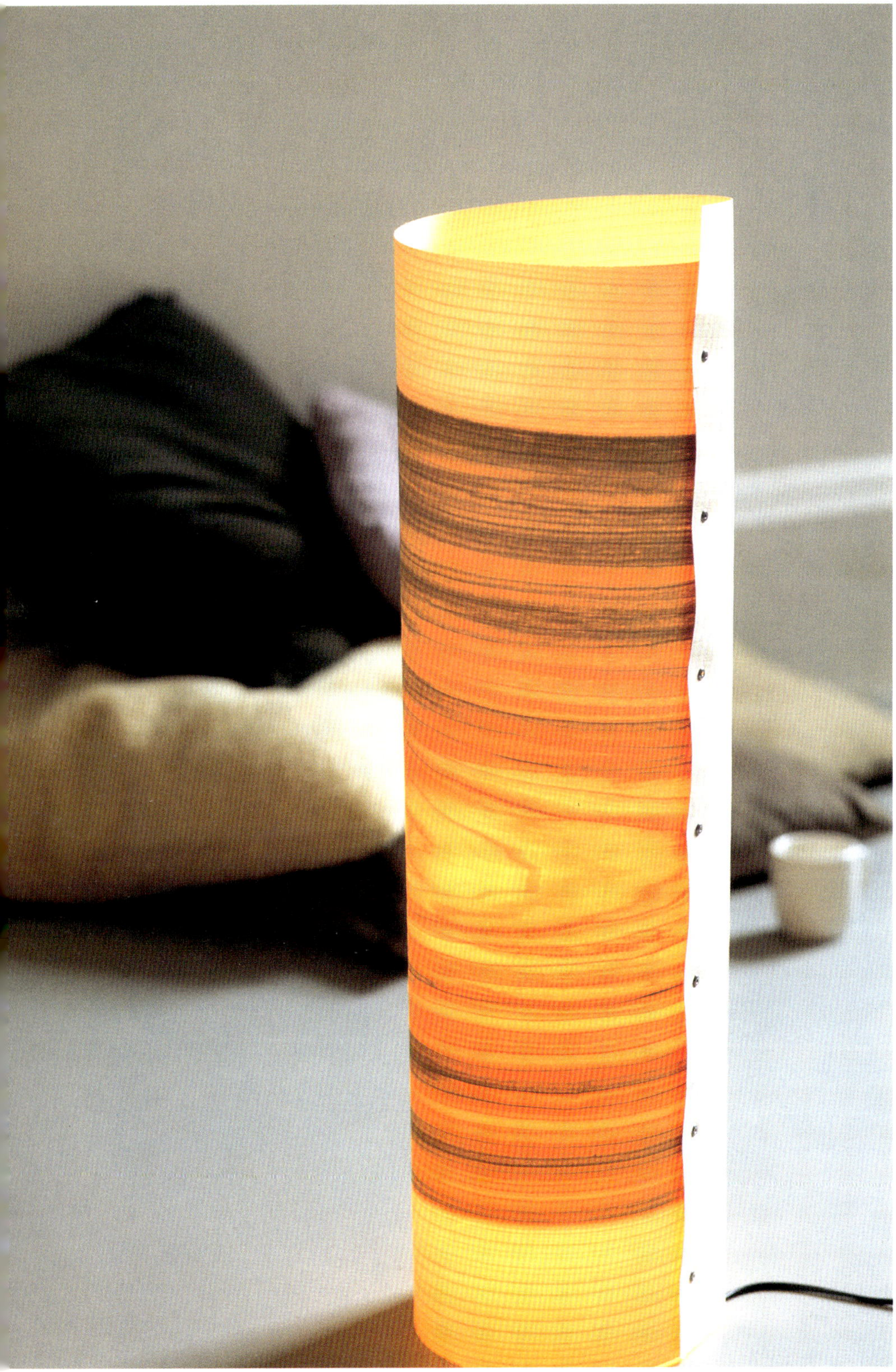

Ein weich schimmerndes Furnier ist angenehm für das Auge. Es ist bis zu einem gewissen Grad lichtdurchlässig und biegsam – kurz, ein ideales Material für Lampenschirme. Hier wurde Furnier aus Magnolienholz in Form eines unregelmäßigen Rechtecks verwendet, damit die Oberkante des Lampenschirms ein wenig überstehen kann.

Da Furniere sehr dünn sind, ist es empfehlenswert, sie von einem Fachmann in der gewünschten Größe zuschneiden zu lassen. Sie können es natürlich auch selbst versuchen. Man braucht dazu ein scharfes Messer, ein Stahllineal und eine schnittfeste Unterlage. Behandeln Sie dieses feine Material behutsam und rollen Sie es vorsichtig aus. Sie werden feststellen, dass sich das Furnier nur in einer Richtung zusammenrollen lässt, deshalb sollten Sie nicht versuchen, es in eine andere Richtung zu biegen. Bei zu großem Druck an den Kanten bricht es.

In diesem Beispiel wurde der Fuß einer kaputten Lampe benutzt. Das Furnier wurde zu einer Röhre zusammengerollt und über das vorhandene Lampenschirmgestell gestülpt – und die Stehlampe war fertig. Man kann natürlich auch eine billige Lampe kaufen, den Schirm entfernen und eine einfache, moderne Tischlampe kreieren.

Furniere, die in vielen verschiedenen Hölzern, Farben, Maserungen, Stärken und Breiten erhältlich sind, kann man auch für elegante Wandlampen verwenden, ganz abgesehen von Papierkörben und Schalen.

Material und Werkzeug

• Lampenfuß und Fassung • Magnolienfurnier in den erforderlichen Maßen • Schnur • 5 × 5 cm große Furnierstücke • Künstler- oder Teppichmesser • Holzleiste • Elektrische Bohrmaschine und Bohrer • Ösenzange und Nieten • Unterlegscheiben

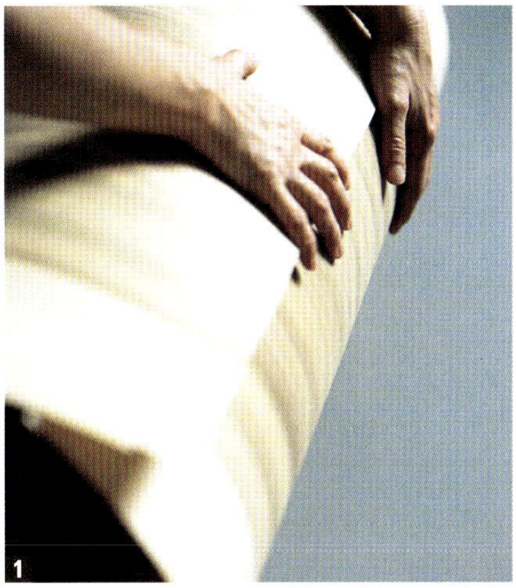

1

2

3

Arbeitsschritte

1 Das Furnier vorsichtig zusammenrollen und einen Zylinder formen, sodass die Kanten 8 Zentimeter überlappen. Dazu den Zylinder an mehreren Stellen mit Schnur zusammenbinden: Die Schnur je nach gewünschtem Umfang des Zylinders zusammenknoten, das Furnier etwas enger zusammenrollen und die Schnur darüber streifen. Danach dehnt sich das Furnier wieder zum gewünschten Umfang aus. Soll ein Teil der Oberkante des Furniers etwas überstehen, so muss das Furnier asymmetrisch zugeschnitten sein.

2 Die Furnierstücke an den Kanten des zusammengerollten Furniers unter die Schnur schieben, damit sie das Furnier nicht beschädigt. Eine Holzleiste durch den Zylinder stecken und das Ganze über zwei Stuhllehnen legen. So lassen sich die Löcher für die Nieten leichter bohren. Im Abstand von 10 Zentimetern entlang der überlappenden Kante vorsichtig Löcher durch beide Furnierschichten bohren.

3 Den Zylinder auf eine feste, flache Unterlage stellen. Die Nieten, die die beiden Furnierschichten zusammenhalten sollen, durch die gebohrten Löcher stecken und festknipsen. Auf der Innenseite des Zylinders werden die Nieten mit Unterlegscheiben gesichert. In die Unterkante eine Kerbe für das Elektrokabel schneiden.

Mobiler Ablageschrank

Seit der gewöhnliche Ablageschrank sein Nützlichkeitsimage abgestreift hat, gehört er für den modernen Innenausstatter zu den klassischen Behältermöbeln. Seine unumstrittene Haltbarkeit und praktische Verwendbarkeit passen zu der neuen Auffassung von Stauraum, denn Unordnung ist ebenso unerwünscht wie ein Arrangement aus Trockenblumen – auf beidem sammelt sich Staub an.

Durch Rollen wird der Ablageschrank mobil. Flexibilität ist das Schlüsselwort für Möbel im neuen Jahrtausend, und wenn sie nicht multifunktional sind, sind sie nicht modern.

Wer die Kosten für einen neuen Ablageschrank scheut, kann ein älteres Exemplar aus dem Secondhandshop mit einem neuen Anstrich modernisieren.

Die hässliche „Zwei-Farben-Eleganz" der 70er Jahre, als Ablageschränke ausschließlich braun

und cremefarben waren, ist kräftigen Farben gewichen. Die neuesten Modelle sind aus Aluminium und stellen wichtige Ergänzungen für das häusliche Büro dar. Außer dem Modell mit zwei Schubladen gibt es andere Versionen mit mehreren, flachen Schubladen für die Ablage von Papieren. Jedenfalls haben sich Ablageschränke inzwischen von ihrer ausschließlichen Bürofunktion befreit, denn ihre praktische Verwendbarkeit ist allgemein anerkannt. Man findet sie zunehmend in ungewöhnlicher Umgebung, als einfache Stauraummöglichkeit in spärlich eingerichteten Wohnräumen, als Telefontische in Eingangsbereichen und Küchen, als Toilettenschränke in Badezimmern und als TV-Wagen in den Schlafzimmern von Teenagern.

Diese bemalte Version eines Ablageschrankes aus den 70er Jahren in den klassischen Maßen wirkt in jedem Raum des Hauses modern.

Die schweren Rollen, die den Ablageschrank zusätzlich mobil machen, sind in jedem Heimwerkergeschäft erhältlich. Es gibt sogar Rollen, die man feststellen kann.

Material und Werkzeug

• Ablageschrank • Marker • Elektrische Bohrmaschine und Bohrer • Schraubenzieher für Kreuzschlitzschrauben oder elektrischer Schraubenzieher • 4 Rollen und selbstschneidende Schrauben • Naß- und Trockenschleifpapier (600 oder 800) • Abklebeband • Metallfarbe aus der Sprühdose

Arbeitsschritte

1 Die Schubladen aus dem Aktenschrank nehmen und den Schrank auf den Kopf stellen. Die Positionen der Schrauben auf dem Boden des Aktenschrankes markieren, indem man den Marker durch die Aussparungen für die Schrauben der Rollen drückt. Mit einem Elektrobohrer kleine Löcher bohren. Die vier Rollen mit dem Schraubenzieher anschrauben.

2 Die Griffe der Schubladen entfernen. Mit warmem Wasser und Haushaltsreiniger Schrank und Schubladen säubern. Damit die Farbe besser auf der Oberfläche haftet, mit Nass- und Trockenschleifpapier abschleifen. Anschließend trocknen lassen.

Stellen, die nicht bemalt werden sollen, zum Beispiel die Rollen, abkleben. Die Farbe nach der Gebrauchsanleitung des Herstellers aufsprühen. Trocknen lassen. Die Griffe wieder anschrauben, die Schubladen hineinschieben.

BEZUGSQUELLEN

Küchen

Allmilmö Milewski Möbelwerk Zeil KG
Obere Altach
97475 Zeil
Tel. 0 95 24/9 10

Alno Einbauküchen Alno-Möbelwerke GmbH & Co. KG
Postfach 1160
88630 Pfullendorf
Tel. 0 75 52/2 10

Avantgarde-Studio für Küchen
Innere Wiener Straße 28
81667 München
Tel. 0 89/45 80 10 41

Cucina Viva
Isartorplatz/Rumfordstraße
80331 München
Tel. 0 89/21 94 99 00

Die schöne Küche
Neuturmstraße 2
80331 München
Tel. 0 89/ 29 95 28

Küchenladen „Lange Str. 6“ Brodbeck GmbH
Lange Straße 6
70173 Stuttgart

Küchenmagazin
Ludwigstraße 6
80333 München
Tel. 0 89/28 66 80 40

Küchenstudio Waldschmidt
Bergisch Gladbacher Straße 733
51067 Köln
Tel. 02 21/6 80 10 94

Poggenpohl Möbelwerke GmbH & Co.
Herringhauser Straße 33
32051 Herford
Tel. 0 52 21/3810

Tielsa Gustav Wellmann GmbH & Co. KG
Industriestraße 14-18
32108 Bad Salzuflen
Tel. 0 52 22/94 00

Werkhalle
Dachauer Straße 54
80335 München
Tel. 0 89/59 88 89

Elektrogeräte

Bauknecht Hausgeräte GmbH
Am Wallgraben 99
70565 Stuttgart
Tel. 07 11/7 88 60

Bosch – Siemens Haushaltsgeräte
Hochstraße 17
Postfach 10 02 50
80076 München
Tel. 0 89/45 90 01

Cloer Elektrogeräte GmbH
Postfach 1420
59704 Arnsberg
Tel. 0 29 32/6 29 70

Küppersbusch AG
Postfach 10 01 32
45801 Gelsenkirchen
Tel. 02 09/40 10

Miele & Cie GmbH & Co.
Karl-Miele-Straße 29
33332 Gütersloh
Tel. 05 24/18 90-0

Moulinex GmbH
Amsterdamer Straße 228
50735 Köln
Tel. 02 12/2 50 50

Rowenta-Werke GmbH
Waldstraße 202-256
63071 Offenbach
Tel. 0 69/8 50 40

Zanussi Elektrogeräte GmbH
Rennbahnstraße 72-74
60528 Frankfurt am Main
Tel. 0 69/67 80 70

Spülen und Armaturen

Brinckmann & Co.
Schützenstraße 12
35398 Gießen
Tel. 06 41/8 34 22

Hansa Metallwerke AG
Sigmaringer Straße 107
70567 Stuttgart
Tel. 07 11/1 61 40

Ideal Standard GmbH
Hansastraße 14
41460 Neuss
Tel. 0 21 31/18 90

Puspas Armaturen GmbH
Uckendorfer Straße 58-62
44866 Bochum
Tel. 0 23 27/9 83 50

Badezimmer

Bad Völkel
Damenstiftstraße 6
80331 München
Tel. 0 89/2 60 47 73

Baden ohne Ende
Marienstraße 111
30171 Hannover
Tel. 05 11/28 10 87

image Badmöbel
Siebengebirgsallee 2
53840 Troisdorf
Tel. 0 22 41/8 30 43

Lamberti Bad + Design
Alpenrosenweg 12
50769 Köln-Seeberg
Tel. 02 21/9 70 40 60

Möbel und Wohnzubehör

Abitare
Auf dem Berlich 3-5
50667 Köln
Tel. 02 21/2 57 80 80

Akzente
Thomas Schiller
Auenstraße 23
80469 München
Tel. 0 89/2 02 23 85

Blue Möbel
Kapuzinerstraße 20
80337 München
Tel. 0 89/7 25 03 04

Karl Böhm Wohnbedarf
Rumfordstraße 2
80469 München
Tel. 0 89/2 60 81 48

Bornhold Die Einrichter
Neuer Wall 70-84
20354 Hamburg
Tel. 0 40/47 10 20

Canetti Designmöbel
Maxstraße 2
01067 Dresden
Tel. 03 51/4 95 60 89

Culti
Ludwigstraße 8
80539 München
Tel. 0 89/28 66 80

Design International
Im Bauwens-Haus
Burgplatz 2
04109 Leipzig
Tel. 03 41/2 11 34 12

Deutsche Werkstätten
Bethmannstraße 50-54
60311 Frankfurt am Main
Tel. 0 69/28 87 34

Drähne Einrichtungen
Osterstraße 46
30159 Hannover
Tel. 05 11/32 70 57

Freiraum Einrichtungen
Damenstiftstraße 4
80331 München
Tel. 0 89/26 02 26 55

Gärtner Internationale Möbel
Große Bleichen 23
20354 Hamburg
Tel. 0 40/3 56 00 90

Helten Einrichtungen
Düstere Straße 15
37073 Göttingen
Tel. 05 51/54 78 10

Interstil Einrichtungen GmbH
Märkische Straße 51-53
44141 Dortmund
Tel. 02 31/52 81 86

Kramm Einrichtungshaus
Schützenbahn 23
45127 Essen
Tel. 02 01/2 08 91

Magazin
Blumenstraße 17
80331 München
Tel. 0 89/23 55 55 00

Modus Möbel
Wielandstraße 27/28
10707 Berlin
Tel. 0 30/8 82 73 81

Neue Wohnkultur
Hauptstraße 92/93
12159 Berlin
Tel. 0 30/8 51 40 91

Steinhoff
Braunschweiger Platz 2
30173 Hannover
Tel. 05 11/2 80 76 46

Jens Steudel metall art – Möbeldesign
Hannoversche Straße 32
31275 Lehrte-Ahlten
Tel. 0 51 32/86 53 05

TK 33
Gollierstraße 33
80399 München
Tel. 0 89/5 02 18 42

Wichers GmbH
Mittelweg 162
20148 Hamburg
Tel. 0 40/44 01 41

Wohnstudio Kiel
Sophienblatt 12
24103 Kiel
Tel. 04 31/67 22 00

Beleuchtung

Beleuchtungshaus WIGE
Zülpicher Straße 323
50937 Köln
Tel. 02 21/41 17 95

Brendel Leuchten GmbH & Co. KG
Mecklenburgische Straße 28
14197 Berlin
Tel. 0 30/35 48 16 58

Elle Licht & Technik GmbH
Dieselstraße 6
31228 Peine
Tel. 0 51 71/7 74 30

hi-light
Wasserburger Landstraße/
Hans-Pinsel-Straße 1
85540 Haar bei München
Tel. 0 89/46 38 98

Lampenfieber
Vaalser Straße 37
52074 Aachen
Tel. 02 41/3 35 80

Licht & Objekt
Gabelsbergerstraße 83
80333 München
Tel. 0 89/52 18 14

Lichtgalerie
Steinstraße 24
81667 München
Tel. 0 89/4 48 75 11

Lichtspielhaus
Theresienstraße 75
80333 München
Tel. 0 89/52 13 65

Light Affairs
Baaderstraße 62
80460 München
Tel. 0 89/2 01 25 85

Neon-Technik Peters GmbH
Kölner Straße 336
47807 Krefeld
Tel. 0 21 51/31 54 32

Ramlau & Siebert Licht + Design
Neusser Straße 476
50733 Köln
Tel. 02 21/41 17 95

Farben und Oberflächen-materialien

Farben Schäffner
Hospitalstraße 15
70174 Stuttgart
Tel. 07 11/22 10 95

Harmony Stencil Designs
Unit S. Kilnbeck Business Park
Annie Reed Road
GB-Beverley, Yorkshire
HU17 OLF
Tel. 0 14 82/86 50 92
(Glasfrosting von Scitc 90 f.)

Kremer Pigmente Farbmühle
88317 Aichstetten
Tel. 0 75 65/10 11 oder 9 11 20

Verkaufsniederlassungen:

Barer Straße 46
80799 München
Tel. 0 89/28 54 88

Leuschnerstraße 35
70176 Stuttgart
Tel. 07 11/62 58 56

Milan GmbH
Währinger Gürtel 79
A–1180 Wien
Tel. 01/4 03 08 71

Karin Schachinger
Josephspitalstraße 6
80331 München
Tel. 0 89/26 36 75

Boden- und Wandfliesen

Buchtal Keramische Betriebe GmbH
92521 Schwarzenfeld
Tel. 0 94 35/39 10

Ceramiche Lafaenza
Via Emilia Ponente 8
I–48018 Faenza (RA)
Tel. 05 46/3 11 68

Ceramiche Piemme Deutschland Vertriebs-GmbH
Herdfelder Straße 2
58570 Schalksmühle

Fliesenservice Süd Lohmar GmbH
Raderthalerstraße 7
50968 Köln
Tel. 02 21/93 46 53 24

Kacheln und Naturstein AG Norddeutsche Steingutfabrik
Steingutstraße 2
28759 Bremen
Tel. 04 21/6 26 20

Kehr
Bonner Wall 25
50677 Köln
Tel. 02 21/93 46 15-0

Villeroy & Boch
Keramische Werke
66693 Mettlach
Tel. 0 68 64/8 10

Bodenbeläge aus natürlichen Materialien

Die dritte Haut Naturböden und Parkett
Venloer Straße 59
50672 Köln
Tel. 02 21/52 54 12

GL Gottfried Lauprecht Holzwerkstoffe GmbH
Marconistraße 4-8
50769 Köln
Tel. 02 21/9 70 40 70

Holz Balke, Ludwig
Markgrafenstraße 135
44139 Dortmund
Tel. 02 31/12 40 13

Kelheimer Parkettfabrik GmbH
Heliosstraße 15
50825 Köln
Tel. 02 21/9 54 43 30

Naturalis Naturböden und Parkett
Neusser Straße 454
50733 Köln
Tel. 02 21/7 40 66 16

Schmidbauer – Natürliches Wohnen und Bauen
Wörthstraße 26
81667 München
Tel. 0 89/4 48 11 87

Karl Schrader
Baustraße 1-5
37574 Einbeck
Tel. 0 55 61/7 22 90

Vaeverie Einrichtungen GmbH
Blutenburgstraße 82
80636 München
Tel. 0 89/1 29 19 77

Textilien

Designers Guild
Sendlinger-Tor-Platz 6
80336 München
Tel. 0 89/2 31 16 20

Flugfreude
Kieler Straße 685
22527 Hamburg
Tel. 0 40/5 70 92 01
(Drachenseide und Spinnackernylon)

Kokon Textiles Wohnen GmbH
Schloßhof 4
82229 Seefeld
Tel. 0 81 52/99 14-0

Esslinger Straße 14
70182 Stuttgart
Tel. 07 11/23 34 16
(Kelims, Dhurries, Naturfaserstoffe)

Radspieler & Co.
Hackenstraße 4 und 7
80331 München
Tel. 0 89/2 35 09 80

Rosenau Dekor GmbH
Thomas-Mann-Straße 19a
22175 Hamburg
Tel. 0 40/6 40 20 61
(Folien, Plastikstoffe und Rollos)

Vossberg
Isestraße 87
20149 Hamburg
Tel. 0 40/48 15 86

Informationen und Ratschläge

Bund Deutscher Architekten
Bundessekretariat
Ippendorfer Allee 14b
53127 Bonn
Tel. 02 28/28 50 11

Bund Deutscher Baumeister, Architekten und Ingenieure e. V.
Kennedy-Allee 2
53175 Bonn
Tel. 02 28/30 86 00

Deutscher Industrie- und Handelstag
Adenauerallee 148
53118 Bonn
Tel. 02 28/10 40

Europäischer Wirtschaftsdienst
Bleichstraße 20
76593 Gernsbach
Tel. 0 72 24/9 39 70
(Hölzer, Holzwirtschaft)

Vereinigter Küchenfachhandel GmbH & Co. KG
Postfach 1850
75103 Pforzheim
Tel. 0 72 31/91 50

REGISTER

Kursiv gesetzte Seitenzahlen beziehen sich auf Abbildungen.

A

Aalto, Alvar 11, 100 f., 103
Stapelhocker 101, 103
Ablageschränke 127, *127,* 138 f.
Aluminiumblech *21,* 57, 75 f., 83, 125
Anbauelemente *104,* 106, 123
Anstriche 22 ff., *26,* 31, *31,* 51, *103,* 106
Arbeitsplatten 106 f., *107,* 125
Architektur 10, 12, *24,* 32 f., *32 f.,* 35, *86*
Armaturen 107-110, *109*
Art-déco-Stil 27
*Arts-and-Crafts-*Bewegung 6, 9, 132

B

Bäder *10, 14,* 24, 28, *29 f.,* 36 f., 52, *54,* 55, 57, 61, *73, 77,* 79, 85, 88, 107 ff., *109,* 126, 134, 139
Badewannen 28, *29,* 108, *109*
Bauhaus 9 f., 86
Baumwolle 62, 84, 87, *87*
Behältermöbel 106, 126, 138 f.
Beizen 51
Beleuchtung 6, 25, 102 f., *107,* 111 ff., *111 ff.,* 130, 136 f.
Arbeitslampen 111 f.
Deckenfluter 112
Klemmspots 113, *113*
Schienenleuchten 113
Stehlampen *99*
Tischlampen 112 f.
Wandleuchten 112, *112*
Beton 8, *9, 16, 31,* 36, 50, *55,* 56 f., 80, 132
Betten *101,* 101 f., 126, 128
Binse 61
Bleichen 51
Bodenbeläge 14, *16,* 46-62, *47-61, 63,* 64-69, 80, *100, 130*
Breuer, Marcel 7, 10, *60,* 100
Cesca-Stuhl 7

C

Coray, Hans 103
Aluminiumstuhl 103

D

Dachgeschoss *48*
Decken 105
Deckenfriese 12, 32 f., *33*
Deckenrosen 32
Dekorationen 134
Designermöbel 7 f., 14, 100 f., 103
Dhurries 62
Disco-Stil 26
Drahtglas 28, 76, 106
Duschen 36, 108, *109*

E

Eames, Charles 100
Einbauelemente 106, *124*
Einfassungen 30
Eingangsbereiche *9,* 17, *31,* 52, *53,* 57 f., 66, 78 f.
Einrichtungskonzepte 6-14, *15,* 16 f., 86, 102 f., 121, 127 ff.
Elektrogeräte 28, 107, *107,* 125
Essbereiche *23, 34, 36,* 39, *49, 56, 74*
Ethnische Kunst 131, *131*

F

Falttüren 35, 74
Farben 9, 14, *14 ff.,* 21-25, *23, 25,* 30, 33, *51, 53,* 54 f., 59 ff., 104
Fellimitationen *104,* 105, *113,* 120
Fenster *11, 16,* 33, 37, *49,* 72 f., *73,* 78 f., *78 f.,* 91
Atelierfenster 80
Bogenfenster 80
Bullaugen 76, 79 f., *89,* 91
Flügelfenster 80, 93
Französische Fenster 72, 80, *81,* 84-89, *84-89,* 92 f.
Innenfenster 37
Schiebefenster 80, *81*
Fensterdekorationen *78 f.,* 78 ff., *81-89,* 82-89, 92 f., *133,* 135
Fensterläden 89, *89,* 94 f.
Fliesen 21, 28, *29 f.,* 30, *77,* 106 *siehe auch* Keramikfliesen, Steinfliesen
Formica 125
Fornasetti-Stil 27
Fotos 122, 135
Fußbodenheizung *13*
Fußleisten 32 f.

G

Gemälde 16, *51,* 120, *121, 123,* 125, 128, *129,* 132
Geschirr 121, 125, 130
Glas 16, 35 f., 46, *48,* 57, *57,* 78 f., 91
–, satiniertes *6,* 76, 78
Sicherheitsglas 79
Spiegelglas 28
Glasbausteine 6, *8,* 9, 21, *35 ff.,* 36 f., *74, 77,* 79
Glasborde *99,* 121, 123 f.
Glasfrosting *79,* 90 f.
Glasplatten *14, 106, 110*
Glasscheiben *10,* 11, *73,* 78 f., *78 f.,* 91
Glastüren 74 ff., *75,* 125
Gray, Eileen 62
Griffe 110, *110, 124,* 125 *siehe auch* Türgriffe
Gummi 48, *58,* 59

H

Halogenlampen *107, 112,* 112 f., 125
Handtuchhalter *109*
Hartfaser 66 f., *107*
Heizkörper 109, *109*
Hightech-Stil 11, *23, 56, 58,* 59, 101
Holz 9, *9,* 11, 16, 21, *26,* 27 f., *28 f., 30,* 32, *32,* 35, *35,* 48, *49, 52,* 57, 89, *89,* 106, *106 f.*
Holzbehandlung 50 f., 64 f.
Holzdielen 49 ff., *50, 57, 63,* 64 f., 75, *89, 101, 121 ff.*
Holzfußboden *15, 34,* 46-51, *47 ff., 51 f., 54, 56,* 80, *103*

I

Industriedesign 11, *56,* 75, 79, 113, *121,* 125
Installationen 106 f., 110

J

Jacobsen, Arne 8, 11, 98, 100 f.
Egg chair 8, 98, 101
Swan chair 101
Jalousien *21,* 80, *81,* 85, *85*
Japanischer Stil *77,* 129
Johnson, Philip 11
Jute 61

K

Kaliko 75, 84, 87, *88*
Kalken 25
Kalkstein *52,* 52 f.
Kamine 12, *32, 105,* 122, *122, 132*
Karan, Donna 134
Kartons 123, *123,* 125
Kelims 62
Keramik 120 ff., 124, *130,* 130 ff.
Keramikfliesen 54, *54*
Kerzen *105,* 111, 134, *134*
Kerzenleuchter 88
Kinderzimmer 35
Kissen *101,* 104 f., *105,* 114 f., 120, *129,* 132
Kitsch 130, *130*
Kleiderstangen *124,* 125
Knoll International 86
Kokosfaser 60 f., *63*
Kommoden *17, 103, 126*
Körbe 121, 123, *131*
Küchen *13, 21,* 24, *34 ff.,* 36 f., 39, *47,* 52, *52, 55 f.,* 58, *58 f.,* 61, 74, *75, 77,* 85, 88, *99, 104,* 106 f., *106 f.,* 125 f., *130,* 134, 139
Küchenutensilien *99,* 107, 125, 132
Kunststoffplatten *11,* 28, *34,* 38 f., 74, *124,* 125, 134

L

Laminat 135
Larsen, Jack Lenor 86
Le Corbusier *7,* 7 f., 10, 12, 16, 80, 100 f.
Chaiselongue 7, *7,* 12, 100
le Grand Confort 16
Leder *9,* 46, 58, 114 f.
Leinwandpaneele 40 f.
Lichtschalter 110
Liebes, Dorothy 86
Linoleum 47, *58,* 58 f.
Loos, Adolf 12
Luftpolsterfolie 88

M

Macdonald, Margaret 25
Macintosh, Charles Rennie 7, 25
Hill-House-Stuhl 7
Marmor *9, 31 f., 63*
Marmorieren 21

Marriott, Michael 113
Maschendraht 28, 79, *123*
Maschinenzeitalter 10, 26
Maugham, Syrie 25
Metall 9, 16, 21, *21*, 30, *30*, 33, 35, 46, *47*, 57, 132
Mies van der Rohe 8, 100
  Barcelona-Stuhl 8, 100
Minimalismus 8, 25, 33, 102, 129
Möbel 57, 88, 98-107, *99-104*, *110*, 123, 130 *siehe auch* Polstermöbel, Sideboards, Sitzbänke, Sofas, Stühle, Tische
Moderne 6-12, *7*, 36, 62, 80, 98, 100 f.
Mosaike 28, *29*, 55, *55*, 75 f.
Musselin 82, *82 f.*, 84, *87*, 87 f.

N

Neopren 101, 105

O

Objekte 120, *121*, 122-125, *123*, 129-132, *132 f.*
Organza 87 f.

P

Papier *78*, 78, 88
Papierkörbe 110, *111*
Papiermaché 101
Parkett *47*, 47 ff., *49*
Perlenvorhänge 74, *75*
Perriand, Charlotte 100
Pflanzenarrangements *105*, 121, 124, 128, *129*, 132, *132 f.*, 134 f.
Plexiglas 28, 83, 89, 94 f., 101, 116 f., 123, 125, 134
Podeste 125
Polstermöbel *15*, 80, 103 ff.
Polypropylen 101, 110
Pop-Art 11, 26
Popkultur 130
Präsentation 107, 120-123, *122 f.*, 129 f., *130 f.*
Putz 21, 25 ff., 30
PVC *58*, 59

Q

Querbehänge 72, 82 f.

R

Rahmen 123, 134
Raumaufteilung 10-13, *15*, 21, 34 f., *34 f.*, *54*, 62
Raumfahrtzeitalter 8, *99*
Raumteiler 6, *8*, *11*, 17, *21*, *34 f.*, 34 ff., 39, 73, 76, *77*, *104*, *124* *siehe auch* Trennwände, Stellwände
Recycling 98, 101, 126 f., *127*
Regale *17*, 109, *113*, 120 f., 123 ff., *131*
Regency-Stil 87
Rollmöbel 99, 101, *121*, 123, 125 f., *126 f.*, 138 f.
Rollos 80, *81*, 84 f., *84 f.*, 88
  Faltrollos 80, 84, 87 f., *85*
  Springrollos 80, *81*, 84, 87, 92 f.

S

Samt 88
Sapper, Richard 112
  Tizio-Lampe 112
Schabracken 83
Schiebetüren 35, *73 f.*, 74, 76, *77*, *124*, *129*
Schiefer 52, *52*, *123*
Schlafzimmer *6*, *25*, *28*, *34*, 35, 61, *73*, *79*, *84*, 102, 125 f., 128, 139
Schränke *14*, *25*, 106, 110, *123 f.*, 123 ff., 127, *129 f.*
Schranktüren *13*, 39, 125
Schwammtechnik 21
Schwingtüren 75
Seegras 61
Seide 87 f.
Sessel 8, *99*, 104, *123*
Shoji-Wände 35
Sideboards 121, 125
Sisal 60 f., *61*
Sitzbänke *101*, 127
Skandinavische Moderne 7
Skulpturen 121, *132*
Sofas *17*, 101, 103 ff., *104*, 120, *121*, 128, *131*
Spanplatten 48, 75 ff., 83, 124 f.
Sperrholz 6, 10, 21, 28, 33, 35 f., 51, 68 f., 74, 76 f., 83, 89, *100*, 110, *111*, 113, *124*, 124 ff., 134
Spiegel 88, 103, 109
Spielzimmer 35
Spritzschutz *14*, *21*, 28, *56*, 106
Spülen 28, 107
Stahl *14*, *48*, *52*, *55*
Stahlblech *47*, *56*, 57, *99*, 125, 134
Stahldrahtnetz 74 f., 79, 110, 127
Starck, Philippe 100, 108, 113
  Miss Sissi 113
Stauraum 6, 17, *33*, 106, 120-127, *123 f.*, 138 f.
Steckdosenabdeckungen 110
Steinböden 47, 52 f., *52 f.*
Steinfliesen 52, *52 f.*, 54
Steinmauerwerk *30*, 30 f., 36
Stellflächen 120-124, 130 f., *130 f.*
Stellwände 6, 16, 35, 126
Stoffe 8, 11, 16, 85 ff., *131* *siehe auch* Baumwolle, Musselin, Organza, Samt, Seide
Stühle *49*, *60*, 99-103, *100*, *103*, 127
  Aluminiumstuhl 103
  Aufblasbarer Sessel 98
  Barcelona-Stuhl 8, 100
  Bugholzstuhl *100*, 101
  Cesca-Stuhl 7
  Chaiselongue 7, *7*, 12, 100
  Egg chair 8, 98, 101
  Hardoy-Sessel 101
  Hill-House-Stuhl 7
  le Grand Confort 16
  Stapelhocker 101, 103
  Swan chair 101

T

Tapeten 21, 26 f., *27*
Teppichboden 47, *60*, 60 f.
Teppiche 16, 48, *60 f.*, 62, *63*, *75*, 80, 132
Terrakottatöpfe *11*
Terrazzo *56*, 57
Thonet, Michael 101
  Bugholzstuhl *100*, 101
Tische *49*, 99, *100*, 101 ff., *106*, *110*, 116 f., *121*, 123, 127, 129
Tischplatten *14*, *16*, 101, *106*, *110*, 116 f., *121*, 127, *127*, *131*, *134*
Trennwände *6*, *24*, *34*, 35-39, *36 f.*, *73*
Treppen *6*, *21*, *26*, *33*, *48 f.*, *56 f.*, *124*, 125
Treppengeländer *49*, *57*
Treppenhäuser 36, 39
Türbeschläge 76 f., 106, 125
Türen 33, *73 f.*, 73-79, *77*, *79*, 91, 106, *107*, 110, *123*, 125 *siehe auch* Falt-, Schiebe-, Schrank- und Schwingtüren
Türgriffe 76 f., 106, 110, 125
Tyvek 36

U

Unikate 132

V

Vasen *105*, 120 ff., 128, *129*, 130, *130*, 132, *132 f.*
Verkleidungen 21, *21*, *26*, 27 f., *28*, 57, *99*
Viktorianischer Stil 12, 32
Vinylfolie 78
Vitrinen 127
Vorhänge 81 f., *82 f.*, 84-87, *86 f.*, 132
  Aufhängtechniken *82 f.*, 82 ff.
  Vorhangstangen *81 f.*, 82 f.

W

Wandbehänge 129, 131
Wandgestaltung 14, *16*, 20-28, *21*, *23-31*, 30-33, 35, *35*, *37*, 42 f., *54* *siehe auch* Trennwände, Verkleidungen
Wandschirme *6*, 21
Waschbecken *77*, 108, *109*
Wäschekörbe 110
Western-Saloon-Tür 76
Wohnaccessoires 16, 88, 110, *130*, 132
Wohnbereiche *11*, *15*, *23 f.*, *34*, 36, 39, *50 f.*, *56*, *85*, *102*, 102 f., *111*, 121, 125, *126*, 128, 139
Wolfe, Elsie de 25
Wolle 61 f.
Wright, Frank Lloyd *10*

Z

Zanotta 98
  Aufblasbarer Sessel 98
Zeitungsständer 110
Ziegelmauer *15*, 16, *26*, 30, *32*, 36
Zinkblech 6, 28, *29*, 75, 83, 89, 101, 106, 125

DANKSAGUNG

Die Autoren danken Denny Hemming, Helen Ridge, Tony Seddon und Rachel Davies für ihre engagierte und professionelle Mitarbeit sowie Jake Bowie für seine Hilfe bei den Dekorationsbeispielen und Arbeitsanleitungen.

Der Verlag bedankt sich bei Liz Boyd für die Hilfe bei der Beschaffung der Fotos, ebenso bei Margaret Doyle, David Lee, Angela Morris und W. H. Newson.

Der Verlag dankt den folgenden Fotografen und Organisationen für die Erlaubnis, ihre Fotos in diesem Buch veröffentlichen zu dürfen.

Seite **1** Ray Main; Chris Gascoigne (Simon Conder Associates)/View; **4** Chris Gascoigne (Stanton Williams)/View; **5** Ray Main; **6** Christoph Kicherer (Gary Tarn/John Pawson); **6/7** Henry Bourne (Architekt: Robert Grace/Interieurs; Sarah de Teliga); **7** Verne Fotografie (Architekt: Glenn Sestig); **8** Nick Hufton (Peter Bernamont)/View; **9** Peter Cook (Erich Mendelsohn)/View; **10** *oben* Peter Cook (Frank Lloyd Wright)/View; **10** *unten* Paul Ryan (Alias Design)/International Interiors; **11** Ray Main; **12/13** Simon Kenny/Belle Magazine; **13** Hotze Eisma; **14** Verne Fotografie (Architekt: Glenn Sestig); **14/15** Dennis Gilbert (Rick Mather)/View; **15** Peter Aprahamian/Conde Nast Publications Ltd – House & Garden; **16/17** Vogue Living (Australia); **17/18/19** Ray Main; **20** *Hintergrund* Richard Davies; **20** Verne Fotografie (Architekt: Quatre Mains); **21** Simon Kenny Vogue Living (Australia); **22** *links* Verne Fotografie (Architekt: Stijn Peeters & Partners); **22/23** Ray Main; **23** Ornella Sancassani; **24** James Mortimer/Conran Octopus; **25** Ray Main; **26/27** Mads Mogensen; **27** Dennis Brandsma/vt wonen; **28** Ray Main; **29** *oben* Mads Mogensen; **29** *unten* James Mortimer/Conran Octopus; **30** Ray Main; **30/31** Gionata Xerra; **31** Paul Ryan (Bernardo Urquita)/International Interiors; **32** Peter Cook/View; **33** Chris Gascoigne/View; **34** Alexander van Berge; **34/35** Ray Main; **35** Nick Hufton (Peter Bernamont)/View; **36** Ray Main; **36/37** James Mortimer/Conran Octopus; **37** Dennis Brandsma/vt wonen; **44 - 47** Ray Main; **48** Robert Sledziewski/Eigenhuis & Interieur; **49** *oben* Peter Cook/View; **49** *unten* Paul Ryan (Hariri & Hariri Architects)/International Interiors; **50** Nicholas Kane/Arcaid; **51** Hotze Eisma; **52** Jonathon Pilkington/Homes & Gardens/Robert Harding Syndication; **52/53** Ray Main; **53** Verne Fotografie (Architekt: Dirk Coulleit); **54** *oben* Trevor Mein (John Wardle)/Arcaid; **54** *unten* Alan Weintraub/Arcaid; **55** *oben* Paul Ryan (Kathy Moskal & Ken Foreman)/International Interiors; **55** *unten* Trevor Mein/Belle/Arcaid; **56** *oben* Peter Aprahamian (Nico Rensch); **56** *unten* Gionata Xerra; **56/57** Alexander van Berge; **57** Ray Main; **58** Simon Kenny/Belle/Arcaid; **58/59** Paul Ryan (Paula Pryke & Peter Romanuk)/International Interiors; **59** vt wonen; **60** *links* Verne Fotografie (Architekt: Glenn Sestig); **60** *rechts* Geoff Lung/Belle Magazine; **61** Hotze Eisma; **62** *unten* Susana Bruell; **62** *oben* Dennis Gilbert (Rick Mather)/View; **63** Nick Pope/Options/Robert Harding Syndication; **70/71** Ray Main; **72** *Hintergrund* Henry Wilson (Ian Dew)/The Interior Archive; **72/73** Ray Main; **73** Trevor Mein (Andrew Parr)/Belle/Arcaid; **74** Alberto Piovano (P. Zanella)/Arcaid; **75** *oben* Verne Fotografie (Architekt: Marcussi); **75** *unten* Ray Main; **76/77** Nick Hufton (Peter Bernamont)/View; **77** Tim Goffe (Tim Bushe Associates); **78** Georgia Glynn Smith/Elle Decoration; **78/79** Ray Main; **80** Trevor Richards/Homes & Gardens/Robert Harding Syndication; **80/81** Dennis Gilbert (Charles Eames)/View; **81** Ray Main; **83** Verne Fotografie (Architekt: Dieleman & Debo); **84** Ray Main; **85** *oben* Hotze Eisma; **85** *unten* Ray Main; **86/87** Paul Wiering/Eigenhuis & Interieur; **86** Gilles de Chabaneix (Sty; Catherine Ardouin)/Marie Claire Maison; **87** Ray Main; **88** Paul Wiering/Eigenhuis & Interieur; **89** *oben* Ray Main; **89** *unten* Belle Magazine; **96/97** Ray Main; **98** *Hintergrund* Ray Main; **98/99** Ray Main; **99** Verne Fotografie (Architekt: Glenn Sestig); **100** Andrew Twort/World of Interiors; **101** Christoph Kicherer (Gary Tam/John Pawson); **102** Peter Cook/View; **103** Simon Upton (Sue Skeen)/World of Interiors; **104/105** Ray Main; **105** Hotze Eisma; **106 - 108** Ray Main; **109** *oben* Hotze Eisma; **109** *unten* Chris Gascoigne/(Gerrard Taylor Associates)/View; **110** *links* Simon Brown/The Interior Archive; **110** *rechts* Chris Gascoigne/View; **111** John Best/Australian House & Garden; **112** Ray Main; **113** *oben* Paul Wiering/Eigenhuis & Interieur; **113** *unten* Inside/Met Home; **118/119** C. Simon Sykes/The Interior Archive; **120** *Hintergrund* Eigenhuis & Interieur; **120/121** Paul Ryan (Albert Turrick)/International Interiors; **121** Mads Mogensen; **122** Ray Main; **122/123** Verne Fotografie (Architekt: Glenn Sestig); **123** Hotze Eisma/vt wonen; **124** *oben* Michael Mack; **124** *unten* Trevor Mein/Belle Magazine; **125** Verne Fotografie (Architekt: Cousse & Goris); **126** Hotze Eisma; **127** Eigenhuis & Interieur; **128** Ray Main; **129** Chris Gascoigne (Gerrard Taylor Associates)/View; **130** *oben* Jean François Jaussaud (F. Dostal); **130** *unten* Simon Brown/Conran Octopus; **131** *links* Francis Amiand (Art Director: Gafi Reyre)/Marie Claire Maison; **131** *rechts* Simon Brown/The Interior Archive; **132** Peter Aprahamian/Conde Nast Publications Ltd – House & Garden; **133** *links* Ray Main; **133** *rechts* Nick Pope/Options/Robert Harding Syndication; **134** Ray Main.

Die Fotos auf folgenden Seiten wurden von Hannah Lewis speziell für Conran Octopus angefertigt: **38 - 43, 64 - 69, 90 - 95, 114 - 117, 135 - 139.**

Wir haben uns bemüht, die Namen aller Copyright-Inhaber, Architekten und Designer ausfindig zu machen. Wir entschuldigen uns im Voraus für mögliche unbeabsichtigte Auslassungen und sind gern bereit, in einer möglichen späteren Auflage eine angemessene Erwähnung zu veröffentlichen.